U0176811

广州美术学院学术著作出版基金资助出版

改&造

环境认知与空间更新

许牧川　肖駇　著

中国建筑工业出版社

图书在版编目（CIP）数据

改 & 造：环境认知与空间更新 / 许牧川，肖駜著
.—北京：中国建筑工业出版社，2021.12
ISBN 978-7-112-26918-1

Ⅰ.①改… Ⅱ.①许… ②肖… Ⅲ.①城市规划—研究—中国 Ⅳ.① TU984.2

中国版本图书馆 CIP 数据核字（2021）第 248884 号

责任编辑：李成成
责任校对：张惠雯
书籍设计：李嘉进 肖駜 蔡敏希

改&造 环境认知与空间更新
许牧川 肖駜 著
*
中国建筑工业出版社出版、发行（北京海淀三里河路 9 号）
各地新华书店、建筑书店经销
北京雅盈中佳图文设计公司制版
北京富诚彩色印刷有限公司印刷
*
开本：880 毫米 ×1230 毫米 1/32 印张：$14^{1}/_{4}$ 字数：315 千字
2021 年 12 月第一版 2021 年 12 月第一次印刷
定价：**155.00** 元
ISBN 978-7-112-26918-1
（37925）

序

序

过去的十年里，我们的生活已经发生了太多的变化，时代的发展进步正悄然又深刻地改变着我们的生活：一方面，手机已经成为每个人不可或缺的工具，在某种意义上甚至已演变为我们身体的一部分；日常生活中获取信息的方式已经完全颠覆了过往社交、消费、出行和休闲的方式，个体与公共生活行为都发生了种种转变；另一方面，人们的生活水平普遍提高，对生活质量有了更高的期待和要求，我们也目睹了社会各行业服务水平的大幅度提升。空间设计从未像今天这样面对如此快速而剧烈的需求变化；在过往的经验中，建筑、景观、室内设计大多被视为一项工程设计，空间设计的任务多为被动地满足社会、市场的需求，现在的设计挑战不仅来自使用者的需求和业主经营的考量，更需要从发展的趋势、认知和体验、运营的角度展开深度的思考、研判，并作出更精准的回应。

面对这样的挑战，许牧川和他的团队为此做了种种设计实验，从城市共享空间和交通枢纽空间，扩展到办公文化空间和教育交流空间。这些不同的空间"创新"，是从不同的维度勾勒人们与现代都市生活的联系，我们可以阅读出设计与空间主动对话的支点与线索，并进一步了解空间和文化、城市和生活之间的彼此联系。显然，空间设计的创新创造在牧川和他的团队里被赋予了更多的期待和可能。

我们思考这一新的空间设计的创新路径，事实上也基于我们对建筑学知识体系更新、重塑的判断。不论是由于土地资源的匮乏，还是高质量发展的内在需求，我们当下人居环境的建设进入存量发展时代已经是一种必然。从空间生产的角度而言，空间产品的设计与创造，既是经济运作的模型，也是社会关系的再造。列斐伏尔认为，空间既是生产方式的结果，同时也是社会活动发生的场所，在这个过程中，又接纳和包容新的生产要素，从而使得社会关系发生改变，并进一步塑造现实空间的模样。因此，不同的生产方式会对应不同的空间，生产方式及社会的转变就意味着新的空间类型的产生。当下我们所经历的大规模都市化进程，本质上就是空间现代化的过程，也是对日常生活现代性的空间化。空间的设计与建设活动因此不再只是一种功能和需求的满足，而带有增值的诉求，对建成环境进行各种形式的投资，为生产、消费、流通等创造更优越的环境，“空间”就成为可利用的生产资料进行价值的再生产。从这个意义出发，“空间”就不再是一种单纯的物质载体，而是作为一种生产力与生产关系，参与到社会生产之中，空间创新的核心在于空间价值的再创造。在这个背景下，空间设计活动的注意力已经从对物理空间的直接关注，转向更多层次地触及空间生产内在的社会实践与社会关系，设计活动因此将更加主动、全面地参与到空间生产的社会实践中来。来自未来的挑战是多方面的，互联网和人工智能或将极大地改变人们日常生活的形态，也将造就全新的生产方式、消费文化和社会关系。这些革命性的改变，或将促使建筑创作不再是被动地满足社会、市场的需求，不再只是指向具体空间的设计，而是可能发挥生产要素组织、资源配置的作用，同时也以一种不同以往的方式构建新的社会关系。环境提升的设计工作可能转变为环境美化与综合整治、地方文化与品牌建设、传统文化保护与发展、手工艺活化、设计精准扶贫等一系列同步内容，酒店、商场等服务性空间设计转变为体验设计、服务设计等从内容到应用场景的深度整合。环境整合设计将以全面开放的观念和视野，对各种设计形式、工具和策略的全方位协同带来全新的空间设计工作模式。

空间设计不再是进行空间界面的美化装饰或基础层面的功能优化，而是涉及空间的场域意义，甚至是社会关系的生产与再生产的议题。那么，一方面空间改造必须保持关注其背后所联动的文化、社会甚至哲学层面的衍生；另一方面，对空间进行的设计和改造活动，也因此不再是设计师单向作用的行为。空间设计反映的是设计师与空间所处的环境、文化和社会语境所进行的互动。设计师要有敏锐的辨识力，在空间中有意识地发现和创造一种话题、一个支点，用设计语言建立起人与文化话题产生现实的联系，让设计活动全面参与到空间所承载的社会运作中。

本书记录了许牧川和他的设计、研究团队如何开展上述思考和工作，如何不断地拓展设计思考的边界，触摸空间设计可能抵达的改变生活的程度和深度。他们的设计实验与实践也向我们展示了这样一种趋势：新的设计活动可能是从空间形式到空间组织的一系列创新，从新的空间类型到新的形态风格表现——优越的、具有创造活力的人居环境既是科技与文化等创新力量的平台和载体，也是体验经济、知识经济、创意经济的“孵化器”，其本身也成为社会生产力和竞争力的一部分。空间的设计创新不仅将引导新的生活方式和生产要素的配置，同时，其自身也可能成为新的文化现象。

沈康

教授、博士研究生导师

广州美术学院研究生院院长

广州美术学院建筑艺术设计学院院长

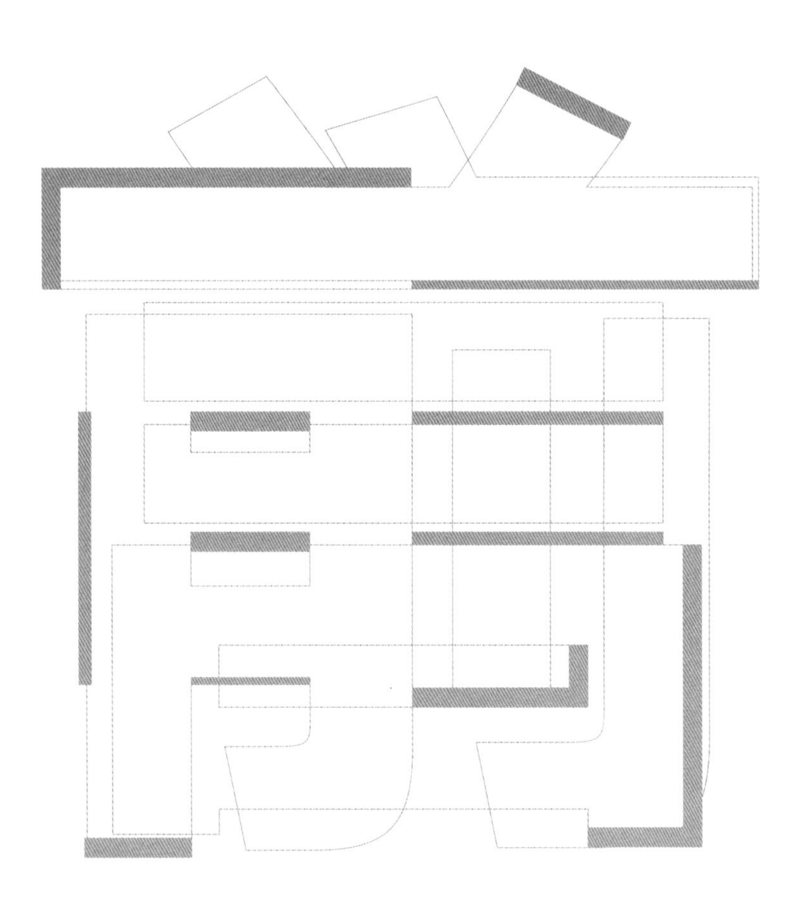

前言

“改”是改变、打造，指在已有的建筑基础上，根据对应的需求，从形式、结构、性质、特点和意义等方面，将建筑空间的使用功能和指向意义，改变、打造成新的状态。建筑改造不仅是对既有旧建筑的改建，也不仅限于传统意义上对历史保护和城市更新的讨论。“造”是建造、创造，在改变的基础上，有意识地建立建筑空间和城市环境中新的连接关系和方式，是带有探索意识的姿态和行为，能创造出新的形式、结构和空间中的设计语言。

“改”和“造”形成的“改造”概念是一个意义整体。从空间设计的角度来说，任何建筑设计活动都是一定程度上的空间改造。通过专业视角的有效介入，对已有设计方案的概念和路径进行重新思考，提出与之对应的建筑空间和城市环境更新的设计策略。基于对建筑的场域、环境和属性，构建出与之适应的空间形式，对现有的空间进行改造与优化。

从空间的角度讨论“改”与“造”，也意味着需要从建筑和城市两方面共同衡量空间改造的方式和创新的可能性。如今中国的现代城市，乃至粤港澳大湾区的蓬勃建设，都表现出一种快速生长和持续更新的都市状态。建筑设计的实践一方面有很大的创新空间，另一方面也随城市的发展建设而不断适应环境更新与改造的需求。建筑和室内设计，作为城市空间建设的基础组成部分，都以实际的场地环境和设计目的为出发点，对地理位置、自然生态、经济效益和人文历史背景等各方面因素进行综合考虑，以有效的手段对空间单元进行效益升级。如果将城市比作一个不断新陈代谢的生态系统，建筑和室内空间的改造则是个体单元自我更新与完善的表现。空间改造带来的不仅是基础设施层面上城市形态的改变，它更是人们所能实际体验到的生活环境的持续更新和改善提升。这种改造不仅是物质层面上造型和结构的变化，而是过渡到了非物质层面综合性的转型，从功能和经济、社会与历史、城市活力和人文价值上等，对空间的内容和品质进行不断修补、提升和更新。

正因为如此，建筑和设计的改造并不只是为了呈现空间形式上的优化。形式上的改造只是空间更新的起点，而改造的最终结果指向的是改造空间更新如何能给人们带来更好的空间体验和生活质量。空间改造的目标是通过有效的建筑设计介入，创造开放的空间边界、有机的公共空间和共生的交往空间。以可持续的生活环境，回应城市的复杂组织和多样活力。城市有机更新的进程不断演进，空间改造的介入角度、更新主体和建构方式也随之发展出多元的动态。建筑的表皮与结构、功能组织和场地关系等，都是改造实践中需要思考的问题。空间更新包括对空间中秩序语言、节点关系、功能流线等诸多方面的设计，从物质技术和社会意义上共同建构建筑和城市中的有机组成体系。

围绕“改”与“造”两个关键词，本书对建筑和生活环境进行思考，对所谓“空间更新”的主要特点和实现路径进行系统的讨论。同时，本书也是我们对团队近年来建筑设计项目的整理，通过开放的角度对已有设计经验进行梳理与探讨，本书将基于环境认知的空间改造视为城市基础层面中的“有机更新”，并通过实际项目方案，分析空间改造不同的主体和目的，提出相应的改造策略和介入路径，归纳空间有机更新的特征和方法。在此基础之上，思考“空间更新”对于提升空间品质和建设生活环境的价值意义和社会作用。

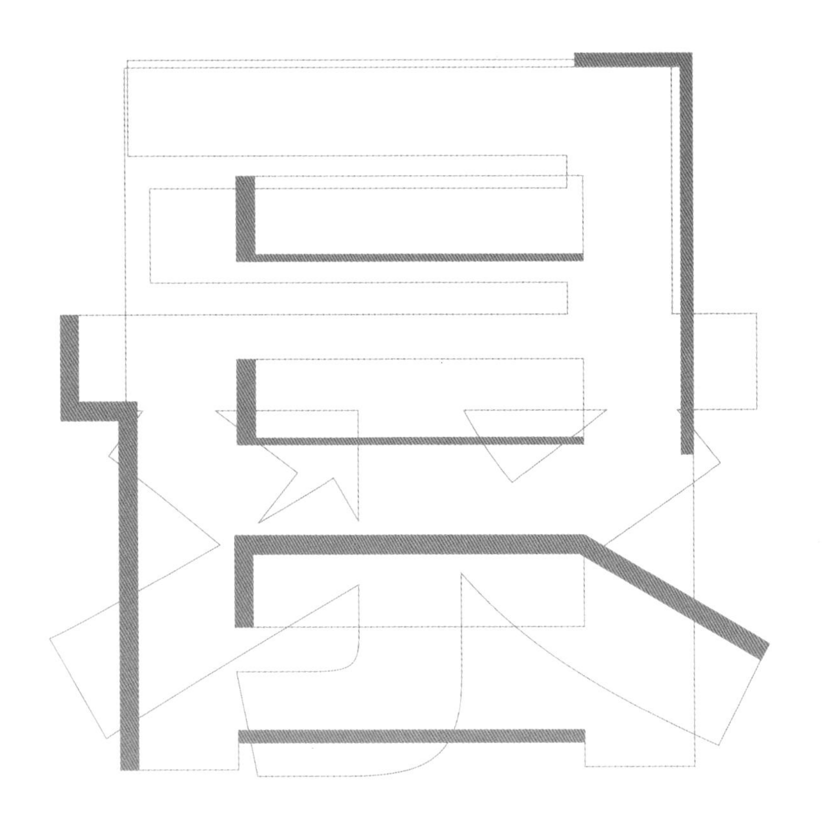

目录

绪论

“改”与环境认知

全球化的视野下，经济持续发展，现代生活的节奏快速，城市空间不断扩张、饱和，被重新塑造而又持续更新。我们应如何定义城市中的空间，而城市空间和我们的生活产生了怎样的联系？建筑设计如何作用于城市空间中的不同元素所产生的组织关系，构建出怎样的生活环境？

空间并非简单的物质环境，而是带有社会属性和人文价值，具有一定意识形态的有机空间。与实体的物质空间相对应又互为补充的是动态衍生的场景空间。当我们讨论建筑空间时，我们并非只将建构的物质环境作为对象主体，而是基于其所承载的事件内容不断发展变化，将空间作为过去和现在、内部和外界的连接与媒介，思考空间与多重对象主体衍生的符号相互作用，所产生的具体意义。我们生活在城市中，与各式各样的空间交往与互动，解读其中的社会符号和文化标记，形成我们与空间多种可能的对话。城市空间越发成为我们认知建筑和城市环境的实体，是历史、人文、社会、美学等多重因素存在和相互作用的场所。这也使得空间在我们日常生活的交往和互动中出现再生产的可能。空间的边界体现了空间内部和外部之间的联系，定义建筑体内部、建筑物之间、新旧建筑之间、建筑与城市环境之间的结构关系。现代化进程下，旧有的空间并未因为新空间的设计、出现完全消失，而是会随着建筑和城市环境的变化而继续衍生。新的城市空间不断叠加于现有的公共空间中，内部与外部、新旧空间之间的边界逐渐消解。新旧空间的元素通过改造与重构产生对话，得以共存、集合，成为一体，自身的更新与建筑物及周边环境相协调，不断为城市空间赋予新的活力。

作为现代社会生活的一部分，城市的空间是经过策划和规范后，被设计出来的空间。城市建筑综合体中的公共空间，一方面回应城市生活，满足城市居民的交往和整个城市形态的建设；另一方面，它又具有相对的独立性，作为城市结构和生活环境的局部和缩影，贯穿于主体的多样层次，其自身的物质和精神内容汇集成一套空间系统。建筑综合体为建筑物的内部空间，以及以建筑作为单体，与城市环境相互动的外部空间，提供多重意义的物质与精神场景。从工作办公、交通出行、休闲娱乐、社交往来和购物消费，公共空间在城市居民的日常生活中不断扩充与延展。建筑综合体成了缩微的城市，承载人们丰富多样的现代生活，不断填充城市多元、复杂的有机系统。

从“室内建筑学”（Interior Architecture）到“室内都市主义”（Interior Urbanism），国际上对于建筑和室内设计的讨论也逐渐重视起建筑室内空间和城市生活之间的关系。随着人们在社会交往和日常生活中客观需求的增加，建筑实体内部的功能不断衍生。城市公共空间可以用建筑室内环境进行比拟。公园广场可以是一座城市的“客厅”，库哈斯将纽约的中央公园比喻为曼哈顿城市网格中的地毯。由微观至宏观，随着公共空间的定义不断变化，室内与户外的物理和概念边界逐渐模糊与消解。高密度的城市环境下，建筑综合体大量出现，表皮之下的室内空间越来越成为体验城市环境的主体。中央空调消解了酷暑和寒冬的温差，也消解了室内外的环境边界。中庭作为建筑实体内的公共空间，其“城市化”的程度不亚于作为城市客厅的公园广场。交通枢纽类的公共空间如地铁站、飞机场，连通着城市内、城市间的节点，有时甚至成为代替一个片区、城市的符号存在。库哈斯在*S，M，L，XL*（《小，中，大，特大》）中解构现代语境下，城市发展导向无个性、无历史、无中心、无规划的普通城市的趋势。资本化的现代城市模式中，建筑体量不断增加，人工的室内环境不断扩大，外部空间的边界和形态逐步消解，而内部空间的规划与构筑越来越成为设计师重要的工作对象。世界各地的城市不断朝着国际化的趋势发展，历史更新成就一个个“普通城市”（The Generic City）。[1] 机场是现代文明中普通城市的基础模型，它已成为一个符号，一方面象征着普通城市本身，另一方面又成为普通城市间的连接，使彼此相互趋同。现代的消费和商业活动，让城市产生大量“废弃空间”（Junkspace）：商业建筑和购物中心不断衍生扩容，生产和消费的活动甚至脱离了建筑语境本身；人工环境中的室内空间看似没有规则可循，又仿佛可以任意复制。

对高密度环境和现代城市生活的反思，并不意味着我们要将其彻底否定。在现代城市综合开发建设的过程中，城市公共空间不断被引入建筑环境，建筑综合体空间越发成为一种动态媒介，与建筑、城市在时间和空间的四重维度上进行改造与重构。空间特有的流动性、延展性和灵活性，连接着不同界面和对象的边缘，成为城市生活中有效的连接体。这种动态的连接空间将那些传统意义上的公共领地，转化为建筑尺度的内部空间。广场、公园如今能以更具流动性和活力的现代形式出现，转译成生活中的共享大厅、地铁站台、开放餐吧，等。这样的现代生活场景下，更需要思考如何通过有效的设计策略，以空间作为媒介，更好地回应人们的生活方式的变化。

班纳姆（Reyner Banham）在 *Architecture of the Well-Tempered Environment*（《良好环境中的建筑》）中梳理了建筑史的环境管理，将技术、人的需求和环境都纳入建筑的整体考虑范畴。[2] 从物质环境到精神层面感受，对于建筑环境的塑造要求我们思考公共空间的结构层次，根据功能配置梳理空间组织，赋予空间自由性和新的功能，让改造后的空间呈现空间氛围和场所精神意义上的“更新”。增强社交属性、释放社区活力、回应城市肌理，都成为可以设定的目标。城市公共空间的建筑综合化，也意味着建筑室内空间并不是单纯意义上的人工环境，而需要成为人居生活中的有机组成部分。设计建筑环境一体化的空间，需要我们思考如何延伸建筑空间的场域边界，构建功能、空间、建筑都集成有序的公共空间，寻找教育空间、办公空间、文化空间、交通空间、商业空间的新可能，让建筑空间与城市环境达到一种融合共生的、可持续的稳定状态。

“造”与空间更新

更新，即革新、推陈出新。随着人口增长、时代发展、社会经济和文化建设，城市中的居民和建筑空间会随之而变化，空间更新是城市建设反映出的既有规律和内在属性。这既包括对历史建筑和旧有建筑的维护和改造，也指在现有城市建筑空间中植入新的功能空间和业态，还有基于新的建筑设计建构的更新空间场所。在城市复杂的有机系统下，空间改造是一种延续和生长的过程。每一次建筑设计的专业介入，都是对空间的有效再开发和再使用，是对相应的建筑和城市环境的重新设计和改造。空间的更新并非是对建筑空间进行大拆大改，而是需要在保留原建筑空间基础结构框架的前提下，在既有空间内找到适宜的设计策略和方法，构建物质和精神层面上有效的连接与协同，最大限度地实现城市空间的可持续性。这样的建筑空间从人们的生活感知出发，塑造出舒适的环境体验，使人们能感受到城市与建筑空间体系之间流动、连接的序列变换。

空间的改造和更新不仅是作用于自身与内外环境的实践和研究。作为城市更新的一个组成部分，它也作用于城市的局部和基础层面，与城市的变化呈现整体与局部的共生关系。建筑设计的空间改造是城市自身的生产、发展及更新的具体、微观体现，是城市发展的稳定框架下呈现的局部改善和环境更新。空间改造需要构建一种有机更新语境下的空间对话，使更新后的空间成为建筑中连接城市、体验生活的场所，从功能和意义上实现从建筑尺度到城市环境的转变。有机的空间更新不仅立足于因地制宜的改造需求，还能让建筑空间更好地与城市环境相适应，与历史文脉和经济社会结构紧密联系在一起，集合衍生出可持续、多元化的城市形态。有效的建筑空间改造，需要充分合理地利用空间资源，通过介入不同空间属性和功能类型空间，进行差别化处理和系统整合，让更新后的空间既延续建筑内部多样性的初始状态，又实现与新增业态和功能需求的适配衔接，为未来的整体运营布局提供了各种可能性。

本书从空间“改”与“造”这一研究视角出发，试图建立关于建筑空间更新和改造项目相对完整的设计方法。建筑空间的改造和设计与建筑、城市以及人们的生活环境既彼此连接，而又相对独立。不同类别和功能的建筑空间有其自身的组织体系和属性定位。理论上，通过团队的改造实践项目，两位笔者将以往的设计方法进行重新整合与梳理：例如从功能组织、形式构造和材料技术等方面，对空间的属性定位和价值意义进行同构与重构。基于不同的更新主体和场域对象，明确不同的介入角度和更新方法，辨明空间设计中所遵循的具体原则，以达到重塑建筑本体空间和城市环境空间的目的。

本书也是笔者对团队近年来的建筑室内设计与改造项目进行的归纳与梳理。在设计过程中，将空间的改造与更新定位为基于城市环境和既有功能属性出发的建筑综合体空间一体化的设计内容，并以设计项目为例，从组织与重构、造形与感知、开放与共享、溯源与转译这四个方面，讨论建筑综合体空间一体化设计的思考过程和意义价值。项目涵盖教育空间、办公空间、文化空间、地铁站交通空间、酒店商业空间等公共空间的设计与改造，其各自呈现不同的更新主题和更新视角。本书力求对已实践的空间更新设计方法的成果进行深化，并在此基础上探索新的现象，解决新的问题；从发现新思路的角度，讨论空间更新带动现有建筑空间的整合优化，以及建筑与周边城市环境的连接与共荣。对于项目设计的系统整理可以有多种不同的方式，但其背后传递了一致的信息：建筑空间的设计是基于城市建筑环境认知的改造与更新，反映出特有的空间生产的秩序逻辑。建筑综合体空间的设计通过主体建构、材料、技术、形式等诸多方法，充实着建筑空间所承载的内容。建筑设计通过空间协调建筑与城市、人文、历史、审美的关系，最终作用于城市中人们的日常生活。对建筑设计空间改造的实践和研究，其目的都是为了探讨如何通过有效的视角和策略，在现有的建筑空间内构造新的连接功能和感知体验，让人们的生活在更新的现代生活环境中变得更加丰富多彩。

---

1 KOOLHAAS R, MAU B. S, M, L, XL [M]. New York: The Monacelli Press, 1995: 1238.

2 BANHAM R. Architecture of the Well-Tempered Environment [M]. Chicago: University of Chicago Press, 1984.

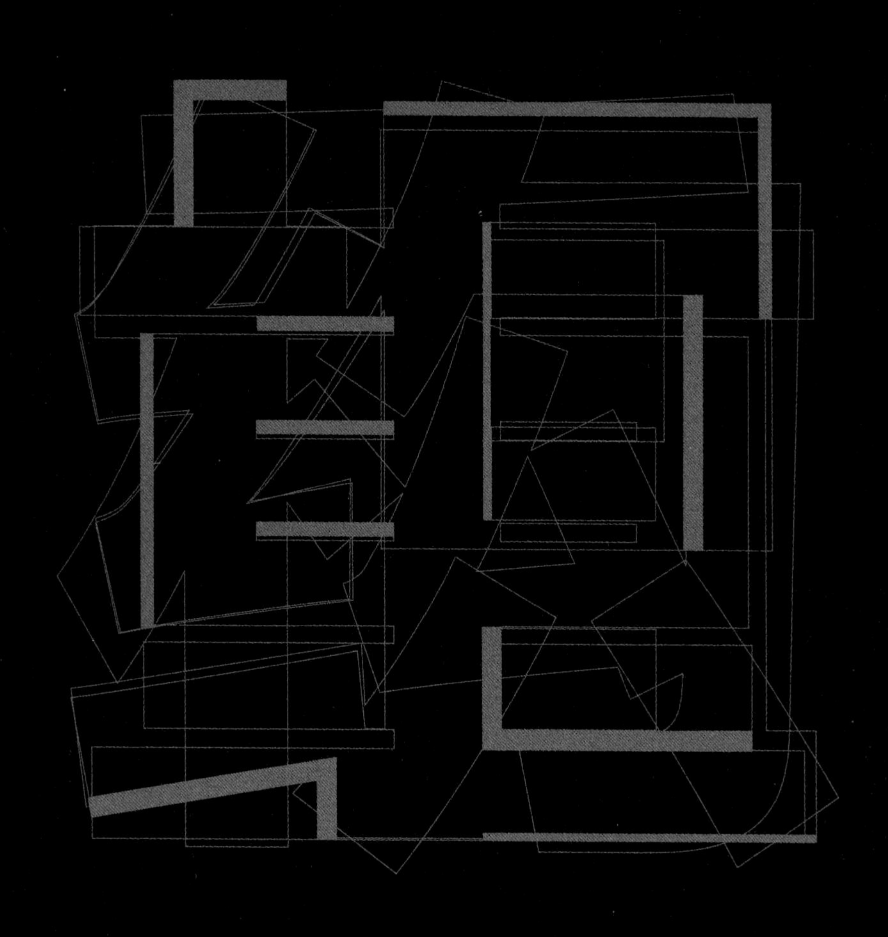

组织与重构

济南市历下区文体中心共享大厅设计

济南市历下区图书馆设计

深圳市某教育综合体设计

组织功能布局　重构城市空间

重构，是指在不改变建筑体外部形态的前提下，对建筑内部的空间组织做出调整，有序地改善内部空间的功能布局。“重构”可以连接新与旧不同的媒介系统，重组空间关系，实现新的空间对话。本质上说，重构一定是在建筑体的整体框架确定后，对内部空间的改进。它更像一种介入既有空间的方法，其重要之处在于用新的思路对建筑的内部空间进行重组设计，针对具体的功能适配，提出优化空间的解决方案。提出的解决方案不一定是最正确的，但一定是现阶段最合理的空间利用方式，让原本欠缺整体感、形态感、场所感的空间组织起来，塑造功能多样的建筑内部空间。

建筑综合体具有城市公共空间的特性，它以多样的空间形式延伸、融合城市的空间边界。作为连接城市中不同公共空间的有机要素，城市建筑综合体的内部包含多元化的建筑功能。功能体块之间彼此相互协同、共生，如同城市中的公共空间一样，集合作用于这个城市化的建筑有机体中。然而，城市建筑综合体的建筑设计在初期往往会和城市的网格扩张一样，虽然发展出大量均质化的现代空间，却未生产真正意义上具有城市环境特质的公共空间。基于建筑综合体的公共化和城市化属性，对其内部的空间组织关系进行重构和同构，根据功能单元对建筑内部空间进行合理分配与重组，是设计介入的方向与目标。

城市建筑综合体内的动线组织不仅连接着不同行动路径上的公共空间，也反映出建筑空间与城市环境的重要连接关系。正如简·雅各布斯（Jane Jacobs）在《美国大城市的死与生》中所谈及，城市复杂、无序的表象之下包裹着城市的生态多样性。街区之间、中心与边界之间相互关联，组成一个和谐有机的秩序整体。[1] 城市建筑综合体作为一个城市化的缩影，并不是商业、休闲、消费的固定场所，而是具有城市公共生活属性、功能混合、彼此有机衔接的城市化空间，是能够促进人们交往互动、体会城市生活的动态场域。空间系统的优化与重组也可以更好地反馈空间的功能需求，将空间组织与人们多样的行为模式结合起来，让建筑内部真正转化为立体化的生活场所。

本章以建筑综合体的改造作为起点，以济南市历下区的文体中心共享大厅的设计、文体中心内的区级图书馆的复合设计和深圳市某教育综合体的改造设计作为项目案例，对建筑中城市化的空间特质以有序而丰富的方式加以释义。设计团队通过现场调研充分评估建筑空间的现状及整体条件，在综合考虑其转化意义的基础上，明确改造范围和设计结构，整合多层次的空间连接方式，使空间产生新的秩序场所与环境体验。

中庭是城市建筑综合体内的“室内广场”。作为动线组织的有机构成部分，中庭具有区域开敞、视线开阔的特点，是内部环境中的会聚场所和共享空间。它也是功能复杂的综合体中的重要空间枢纽，在空间组织关系中起到引导、疏散、衔接以及缓和行人活动往来的作用。在济南市历下区的文体中心共享大厅的设计过程中，设计团队对人的行动线与结构布局进行有序重组，将中庭的设计与人们多样的行为模式结合起来，进一步强调空间的文化生活和共享体验。项目也在不同层级置入景观元素，以串联不同楼层分区。在强调建筑内部的绿化环境的同时，也让空间更加综合、整体，提升文化中心作为城市公共设施的品质。建筑的空间价值和城市价值也让其成为居民参与城市生活的有效连接场所。

建筑内部的楼层结构关系对人群分布的影响也是重构中需要考虑的问题之一。例如在图书馆的空间组织上，以“藏书阁”的空间形态为轴，在周围及其内部串联不同层级的大阶梯。楼梯的设计除了作为连通图书馆不同区域的同行路径之外，也可作为人们休息、阅读、交谈的休息阶梯，还可以是布置临时展览或学术分享的公共区域。设计共享区域的同时，在空中增设拆解字体作为吊挂装置进一步修饰空间，在空间的视觉呈现和感知体验上也让行人能够引起兴趣，让人在此停留、互动，完成了解展示信息等系列行为，使得整个图书馆区域从多个维度成为人们互动、共享的公共空间。

对空间的重构，意味着要从不同尺度上进行设计干预，使各部的功能空间组合具有完整性和统一性，实现建筑室内化和城市化的相互串联，增强空间的内部活力和情景体验，促进共享空间的社交功能。在深圳市某教育综合体的改造设计中，除了对学习教育的空间功能元素进行复合，项目也考虑如何整合零碎的空间功能之间的连接关系，容纳交谈、休息、等候等不同类型的活动，以回应教育综合体空间在不同时间对不同人群和行为活动的包容度。通过在水平、垂直层级进行空间体块的重组，优化空间的功能复合，让不同的功能体块彼此连接、形成互动，为教育空间赋予新的活力。

1 简·雅各布斯．美国大城市的死与生 [M]. 金衡山，译．南京：译林出版社，2005.

济南市历下区文体中心共享大厅设计

重构共享社区

项目名称 | 济南市历下区文体中心共享大厅设计

设计团队 | 许牧川、蔡敏希、李晓峰、杨尚钊

设计时间 | 2019 年 9 月

项目阶段 | 完成

项目地点 | 山东，济南

项目面积 | 约 77786 平方米

项目位于山东省济南市历下区，周边文化教育、创意商业资源林立，相互呼应。本项目综合了四大功能体块，分别为档案馆、体育馆、文化服务设施及养老设施。各功能场馆以中庭为核心，分布在不同楼层，形成多馆合一的综合类建筑空间。建筑形态以天圆地方为核心概念，打造出一处极具标志性的城市文化建筑形象。文体馆建筑以古代玉器——玉琮为形象依托，外方而内圆，巧妙地融合了中国古代天圆地方的哲学思想。

建筑鸟瞰图

项目地块交通便利，位于城市下道的重要节点。场地南侧紧邻兴港路，东侧为规划道路。在临近道路的两侧，有较大的开敞公共空间以供人流出入。同时，在保证空间围合感的前提下，设置了绿色庭院进行空间点缀。基地周边规划有大量住宅用地和商业配套用地，靠近基地位置还规划了中心学校等教学设施。经过调研，基地周边地块的主要使用人群为中青年的城市白领一族，对居住和生活品质有一定追求。本项目的建设定位为该区域内多元综合的城市生活中心，为周边居民提供文化、体育和娱乐休闲的公共空间，提升区域生活品质，带动周边业态发展。

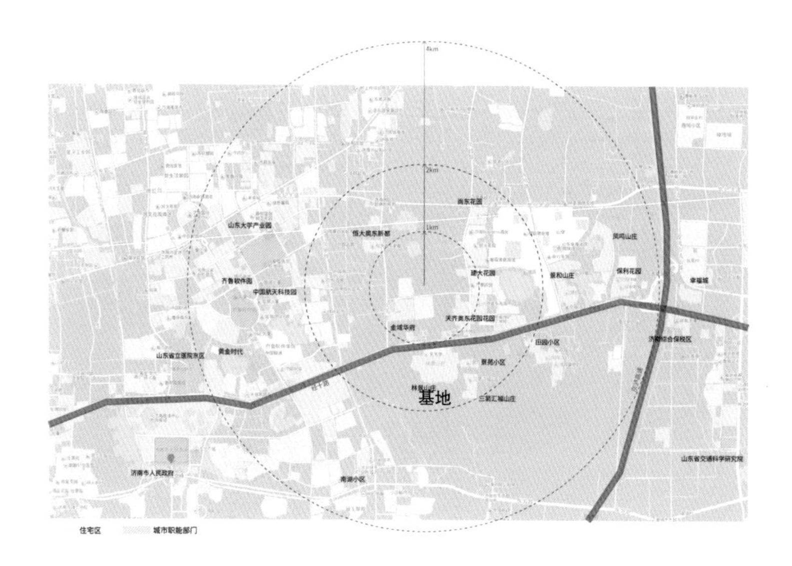

地理位置分析

在原建筑设计方案中，考虑到建筑体内部功能配置种类较多，各场馆与功能体块需要拥有一定的独立性，面积较大的四大场馆被分置于场地的四角，而较小的功能体块则分别放置于四大场馆之间，通过中庭枢纽串联在一起。中庭空间在保证各个场馆独立性的同时，又很好地进行了空间的连接和过渡，达到功能配置的同时，也尽可能地营造出有效的公共空间。

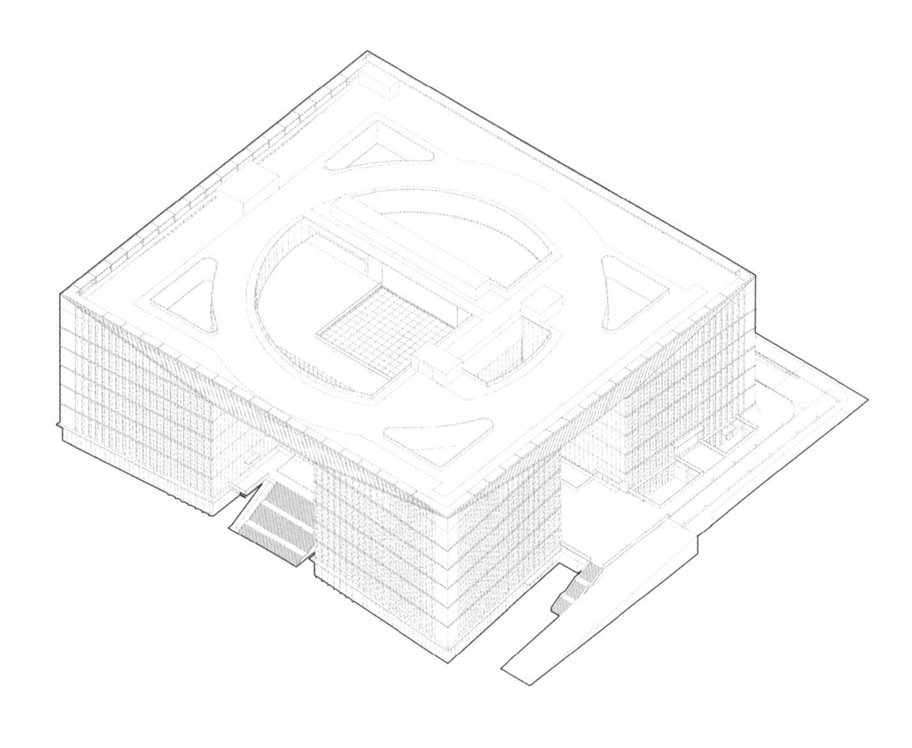

原功能组成

建筑内部的功能配置尽可能地实现了利用空间的最大化。通过多层级的公共空间设计，首层四大体块分开布置的形态与上层连廊形成围合，使建筑形成自然的内凹形态，让城市界面的多个入口节点广场向内延伸至内部核心广场，形成内聚的公共空间，使其成为人流量聚集的场所。室内的景观设计结合造型打造了由中心庭院、屋顶步道和空中花园组成的立体公共景观系统。

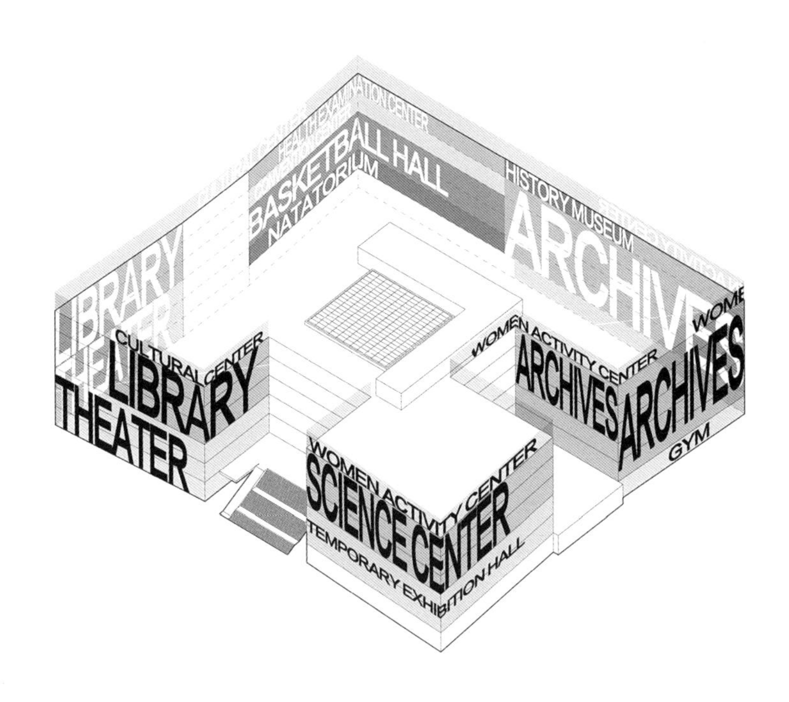

建筑地下二层为车库、设备用房等基础功能，地下一层为体育中心、剧院的延伸空间及配套服务设施。地面首层以中庭体块为枢纽，连接体育馆的游泳馆、档案馆、剧院及临时展厅。建筑首层与二层间设有夹层，连接至游泳馆上方的大空间运动场馆及档案馆。二层同样以中庭空间作为枢纽，将体育馆的配套服务设施、档案馆、图书馆及

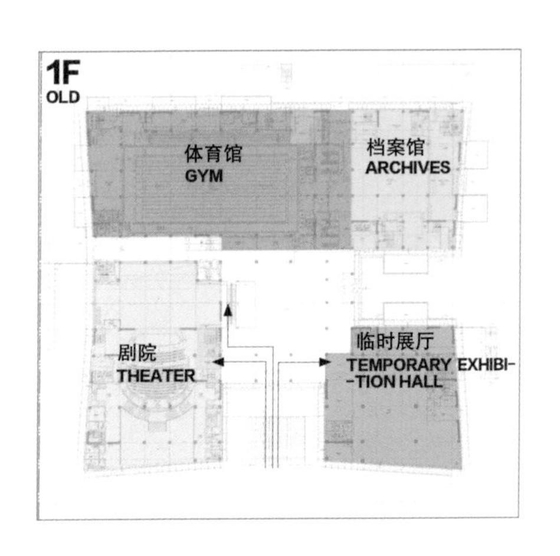

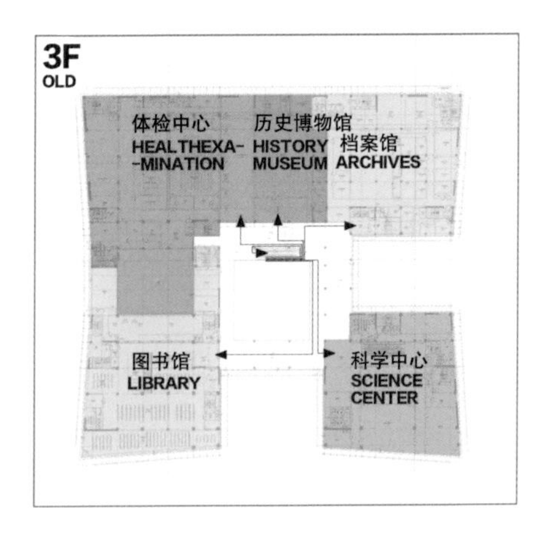

原平面布局

科技馆连接在一起。三层同样以中庭作为枢纽连接空间，在档案馆、图书馆、科技馆的功能基础上，设置会议中心。图书馆、档案馆、科技馆三大功能体块继续延伸到四层。四层增设体检中心，供人们进行身体检查。五层的中庭空间仅保留连接文化馆与妇女活动中心所需的通道，确保有足够的光照渗透至底部空间。

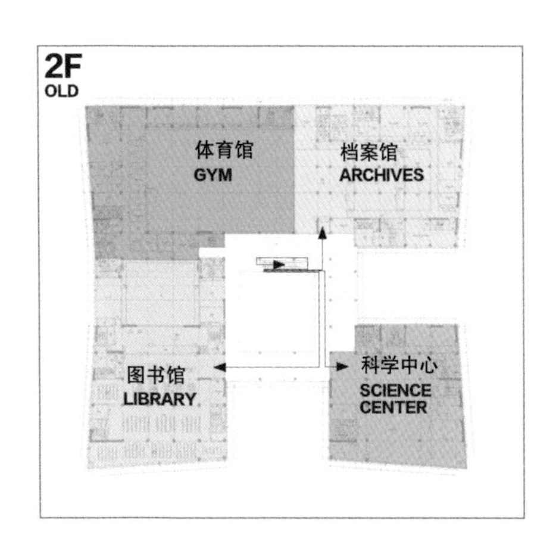

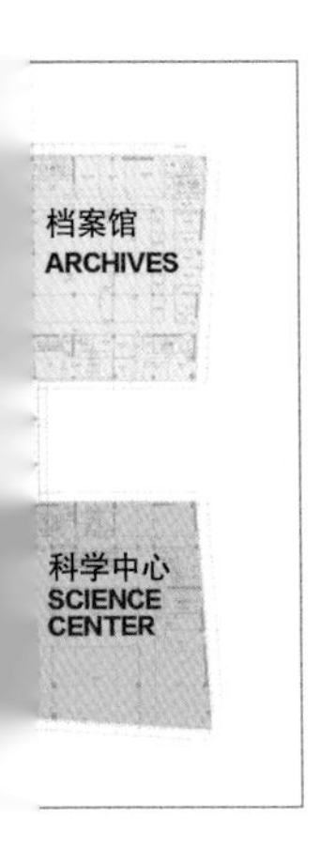

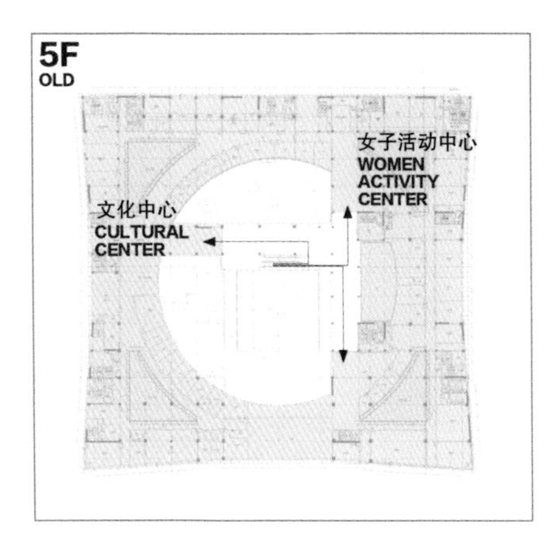

项目提出“共享空间”的理念，将文体中心打造成一个多元化的城市公共空间。人们可以在这里相互交流，进行各种社会、文化、娱乐、体育活动，实现建筑功能空间的共享和市民文化空间的共享。因此，设计从人的交互方式、使用者的诉求及空间的体验感出发，希望通过空间改造增强建筑整体和各场馆连接中的社交属性，让建筑内部空间更广泛地服务于不同年龄层和不同兴趣人群的使用需求。

共享概念提出

整体——多元社会文化共生体

历下区文体中心将成为一个集体育、健康、娱乐、文化于一体的多元化体验中心。项目试图在自然、体育、文化之间建立起深层联系，从而更广泛地服务于不同年龄层和不同兴趣人群的使用需求。

本项目作为多馆合一的综合类建筑，本身具有多元的功能设置。因此，功能空间的组织、重构以及流线的梳理显得格外重要。项目通过对功能体块、人流动线的解析，结合人们的使用需求，重新组织动线关系。设计将中庭为作为连接枢纽，在建筑体内部进行整体化的功能复合，重新调整不同层级之间空间的构成形态。同时，设计结合建筑体内不同场馆的功能，有效利用中庭及各层级之间的过渡空间，为人们提供不同尺度的交往空间。

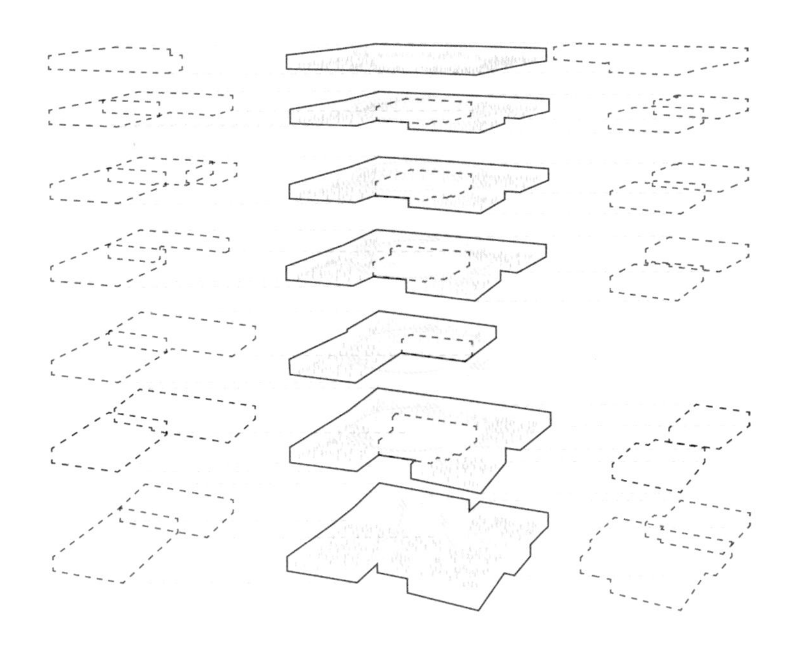

空间组合重构

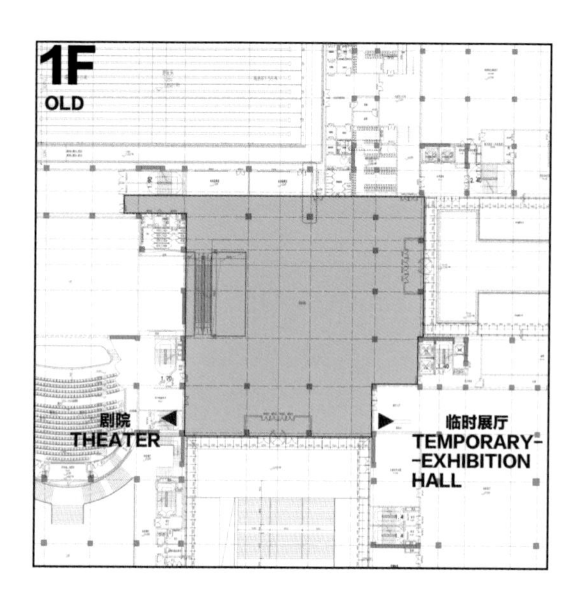
1F
OLD
剧院
THEATER
临时展厅
TEMPORARY-
-EXHIBITION
HALL

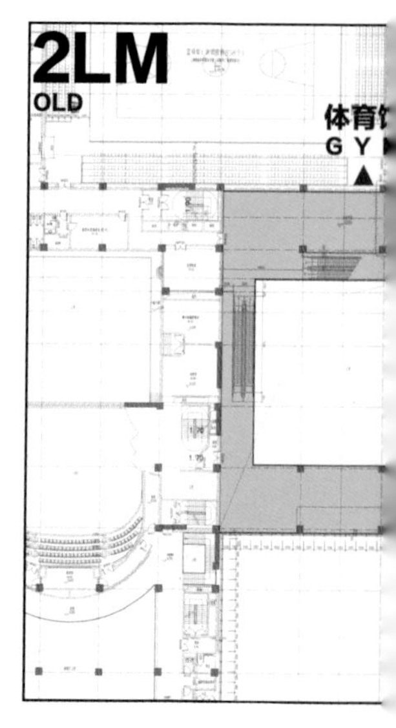
2LM
OLD
体育馆
G Y

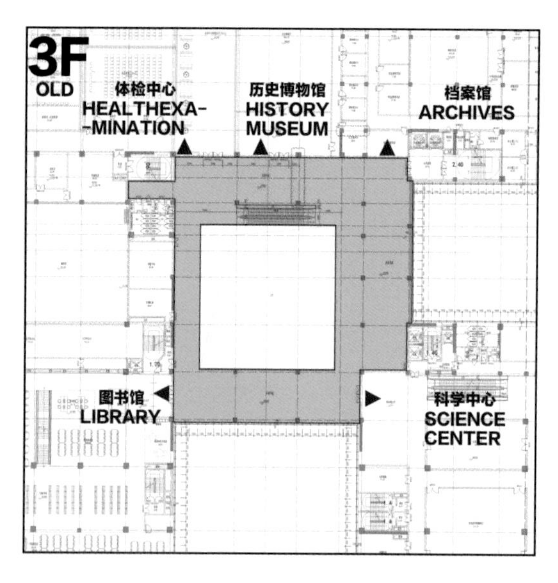
3F
OLD
体检中心
HEALTHEXA-
-MINATION
历史博物馆
HISTORY
MUSEUM
档案馆
ARCHIVES
图书馆
LIBRARY
科学中心
SCIENCE
CENTER

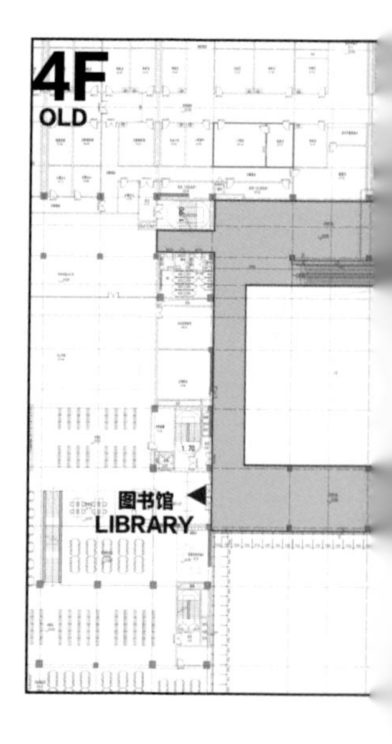
4F
OLD
图书馆
LIBRARY

原建筑平面图

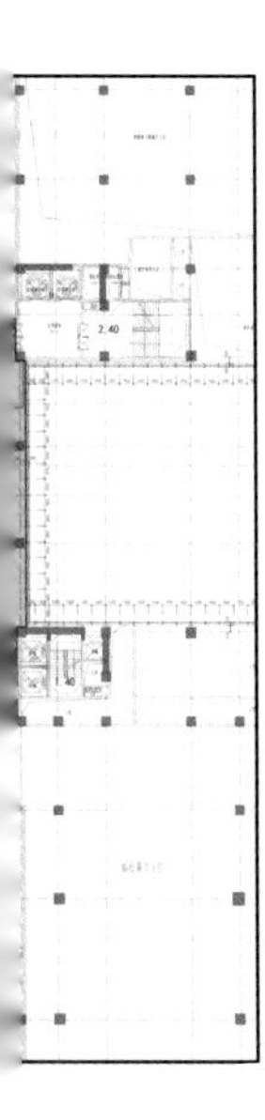

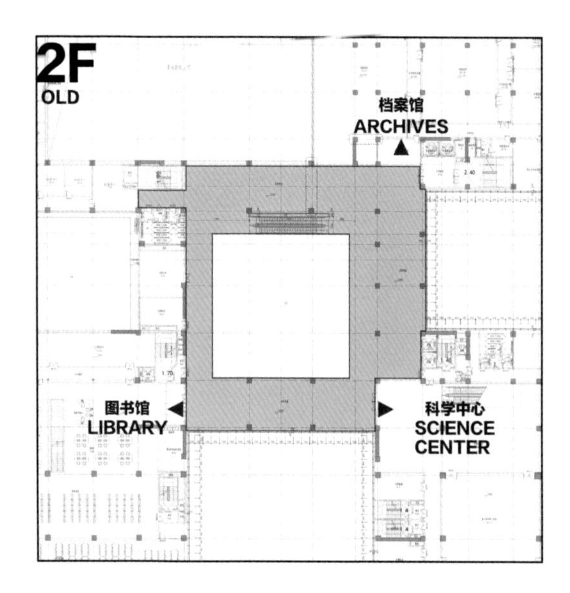
2F
OLD
档案馆
ARCHIVES
图书馆
LIBRARY
科学中心
SCIENCE
CENTER

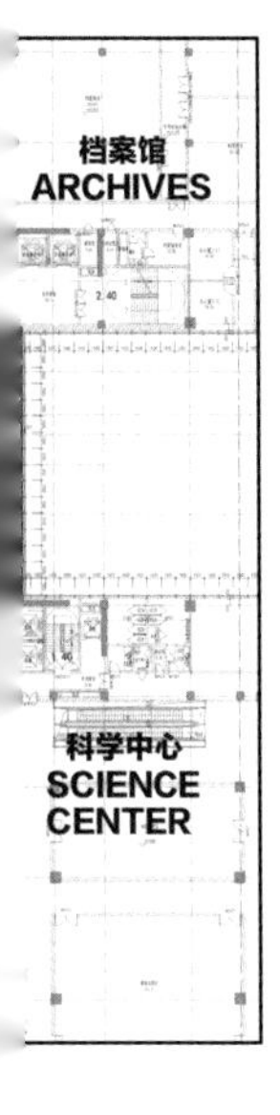
档案馆
ARCHIVES
科学中心
SCIENCE
CENTER

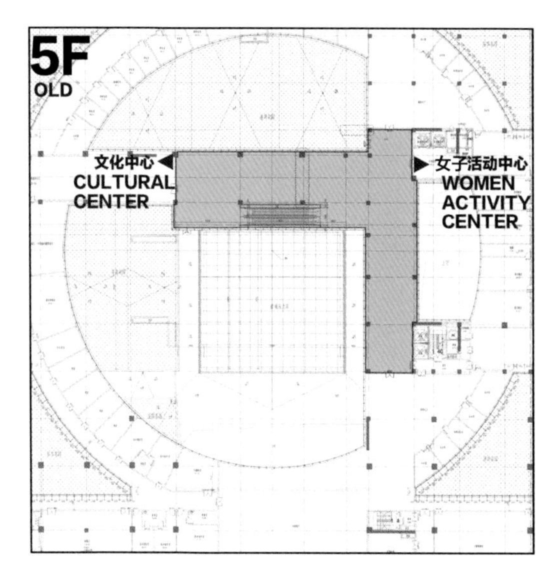
5F
OLD
文化中心
CULTURAL
CENTER
女子活动中心
WOMEN
ACTIVITY
CENTER

重构动线关系

重构，即拆开重组，重新构造。构造不仅限于空间，更在于行为、视线等的再组织。为实现共享空间的营造，项目需要对原建筑的公共空间进行拆分、重组与调整，对人流动线进行梳理、调整。

通过原平面的功能布置及垂直流线分析可知，整体建筑空间以中庭体块作为枢纽连接公共通道，人流动线集中于中庭空间。但现中庭空间利用率不高，原垂直流线单一，整个中庭空间仅有一侧设置了垂直楼梯，虽布置合理，但并没有随连接的功能空间进行调整，尚未良好利用宽达 13 米的公共走道空间，缺乏空间节点引导人行路径。

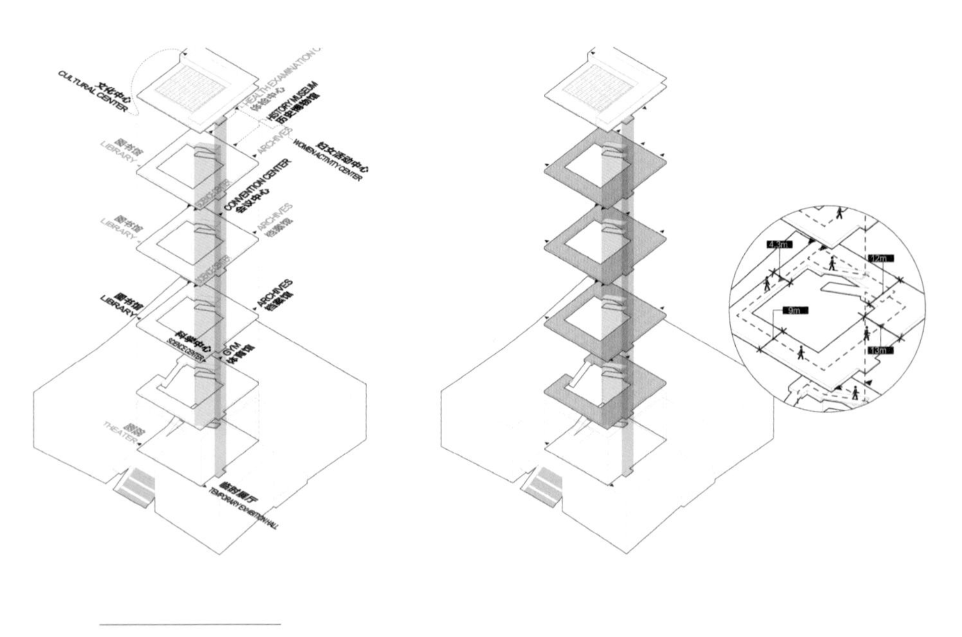

垂直动线分析

针对宽达9~13米的公共走道空间，我们对公共走道进行推拉调整，丰富原本平层划分、单调规整的中庭空间，强调其层级关系，使得人流、功能交织，让人气聚集在中庭。

针对各层空间的人流动线与功能配置，我们对原建筑平面的组织关系进行重构。对首层不规则的空间进行规整，让空间更加整洁舒适。将夹层的孤立空间切除，而把更多的空间规划为首层中庭，优化空间体验。在二层到四层，我们对整体动线进行整合，调整扶梯位置，在不影响动线的前提下，对中庭边缘进行推拉，并利用闲置公共空间植入共享交流空间，丰富人们的空间体验。经过调整后，一方面，有多条动线通往建筑上层空间，区别于原动线，人们可以围绕中庭走到上层建筑空间，起到分流的作用；另一方面，动线的交错，让人们有更多的往来、互动机会，能更好地参与到空间的共享体验之中。

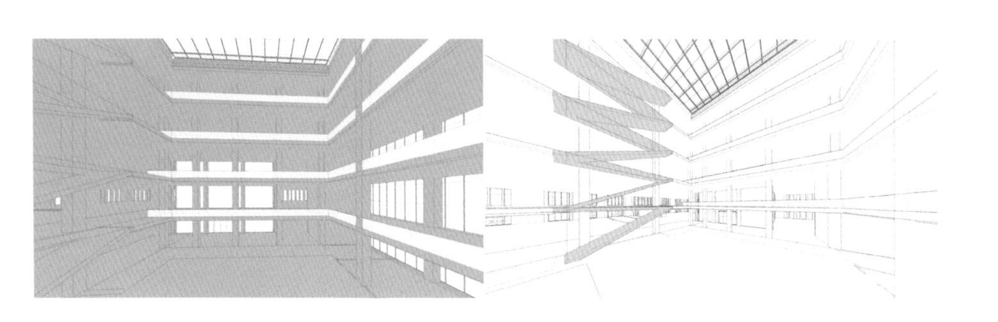

原建筑空间

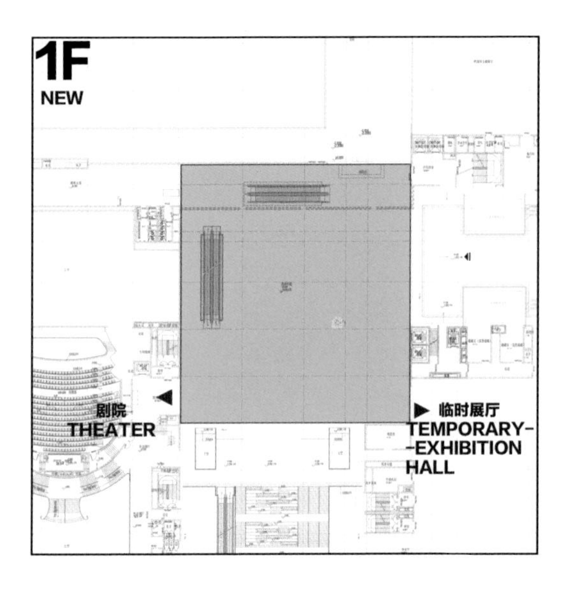
1F
NEW
剧院
THEATER
临时展厅
TEMPORARY-
-EXHIBITION
HALL

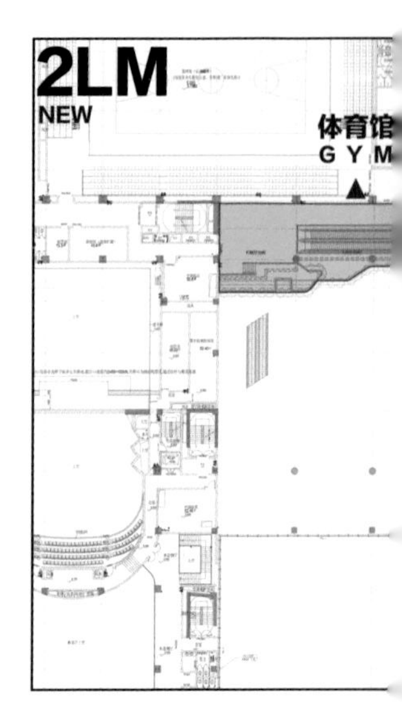
2LM
NEW
体育馆
GYM

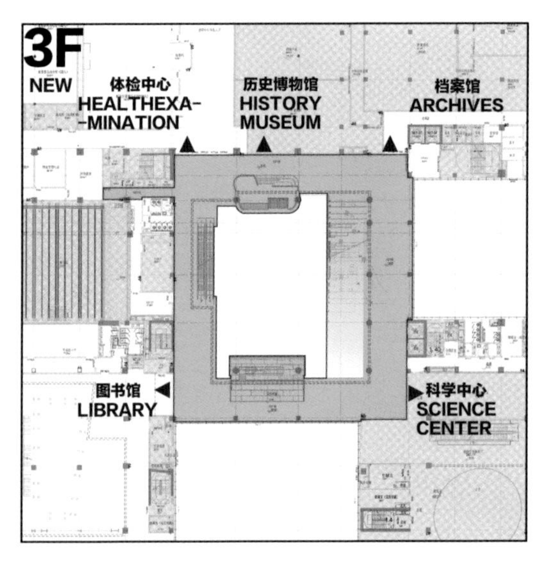
3F
NEW
体检中心
HEALTHEXA-
-MINATION
历史博物馆
HISTORY
MUSEUM
档案馆
ARCHIVES
图书馆
LIBRARY
科学中心
SCIENCE
CENTER

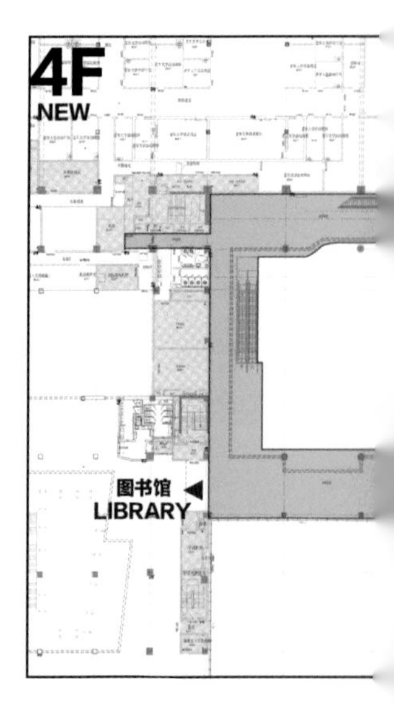
4F
NEW
图书馆
LIBRARY

优化平面图

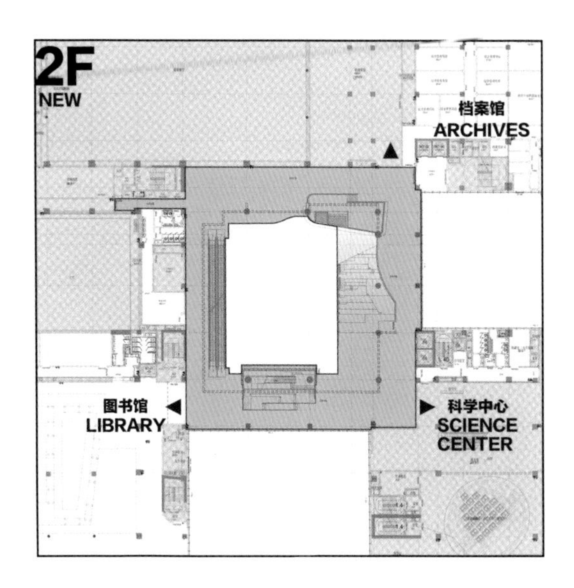
2F
NEW
档案馆
ARCHIVES
图书馆
LIBRARY
科学中心
SCIENCE
CENTER

档案馆
ARCHIVES
科学中心
SCIENCE
CENTER
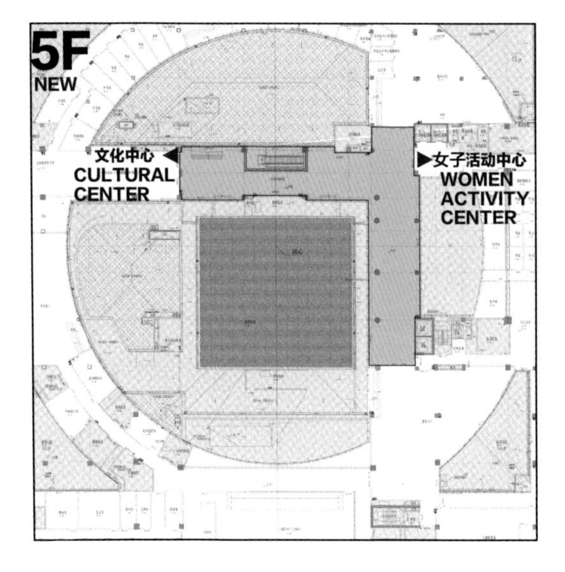
5F
NEW
文化中心
CULTURAL
CENTER
女子活动中心
WOMEN
ACTIVITY
CENTER

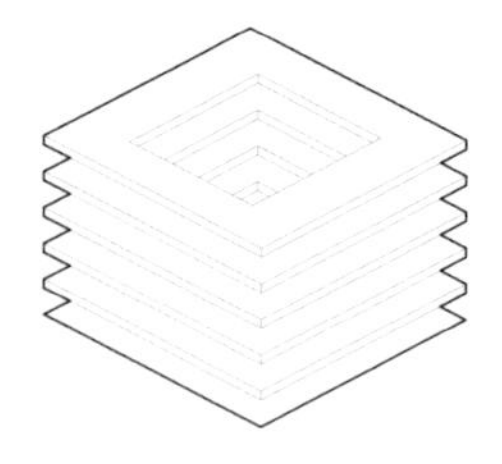

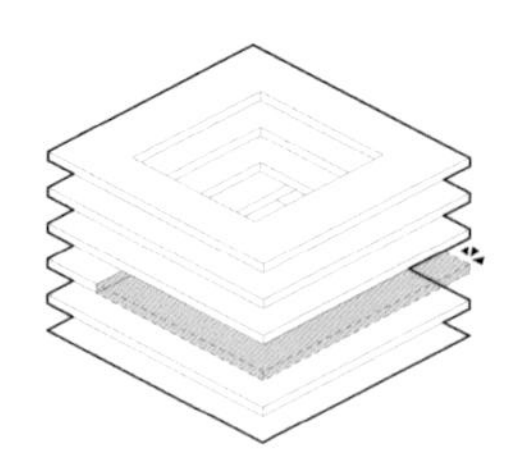

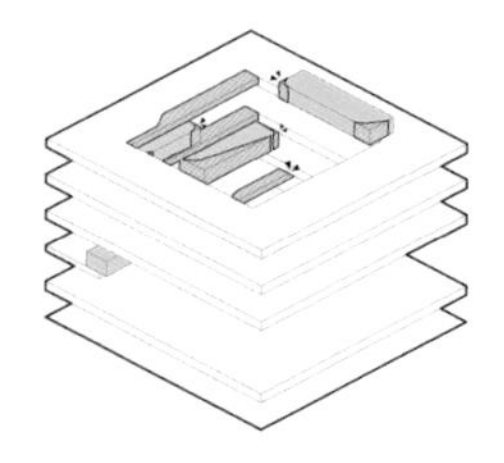

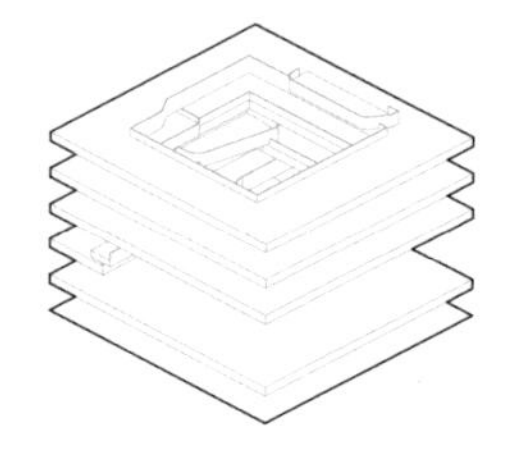

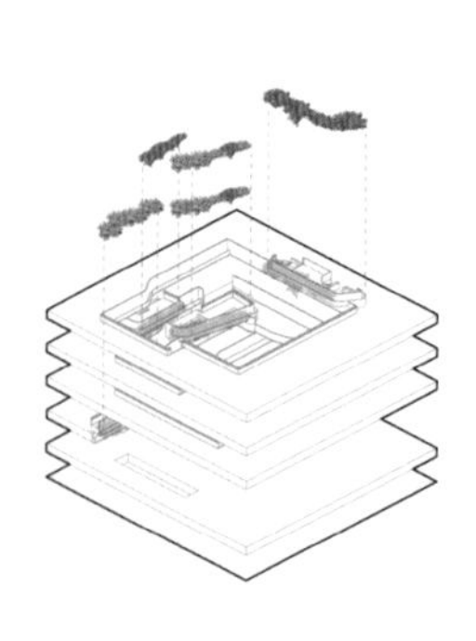

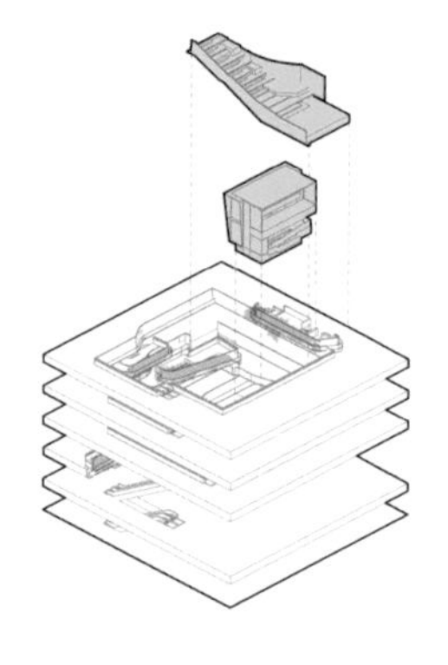

功能置入

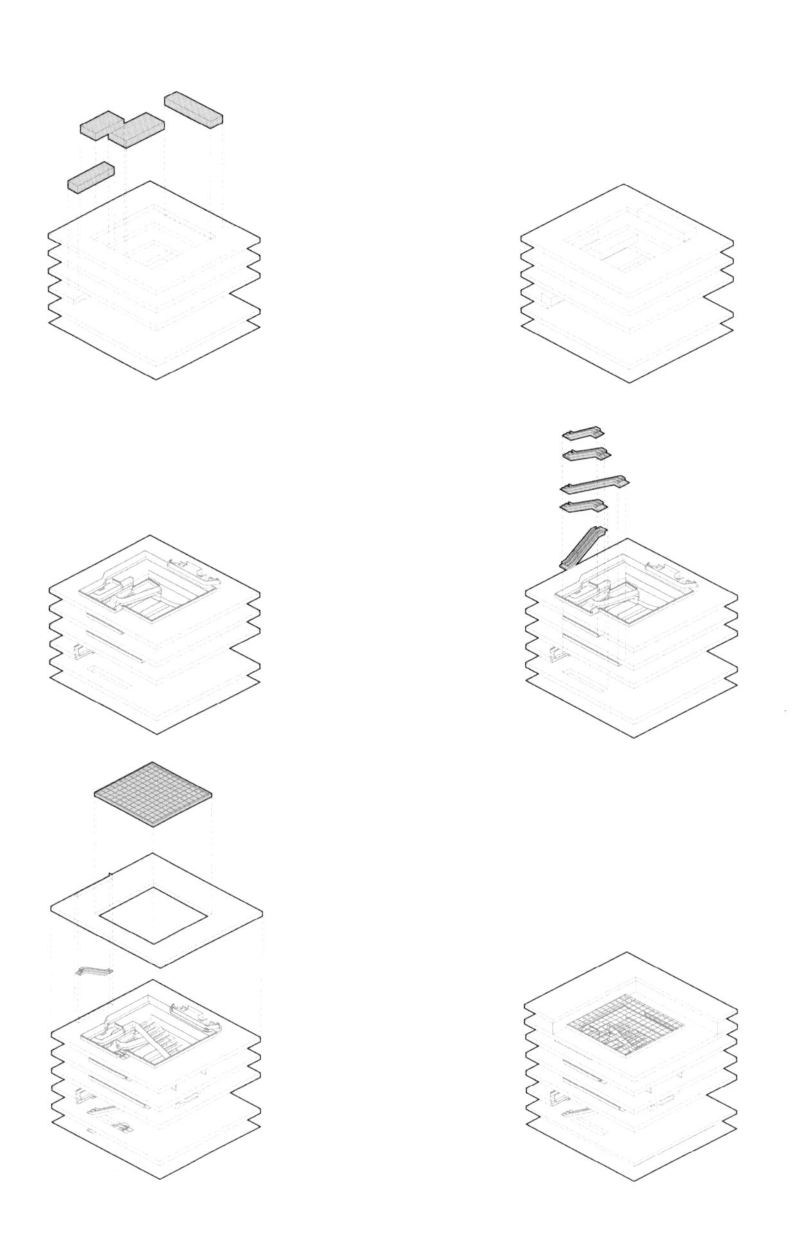

对公共走道空间进行推拉调整的处理之后，针对走道空间单一、利用率低的问题，设计在各层增设空间节点，以丰富空间和人们的交互行为。在首层区域的入口空间，设计通过置入展览功能，最大化地利用宽阔的入口空间，丰富空间功能的同时也进一步吸引行人的往来与聚集。在中庭北侧与体育馆相连的二层夹层，仅保留北侧的连接通道，从而更好地利用公共走道空间，优化大堂空间的尺度面积。二层区域连接图书馆、科学中心和档案馆的通道部分，改造有效利用现有

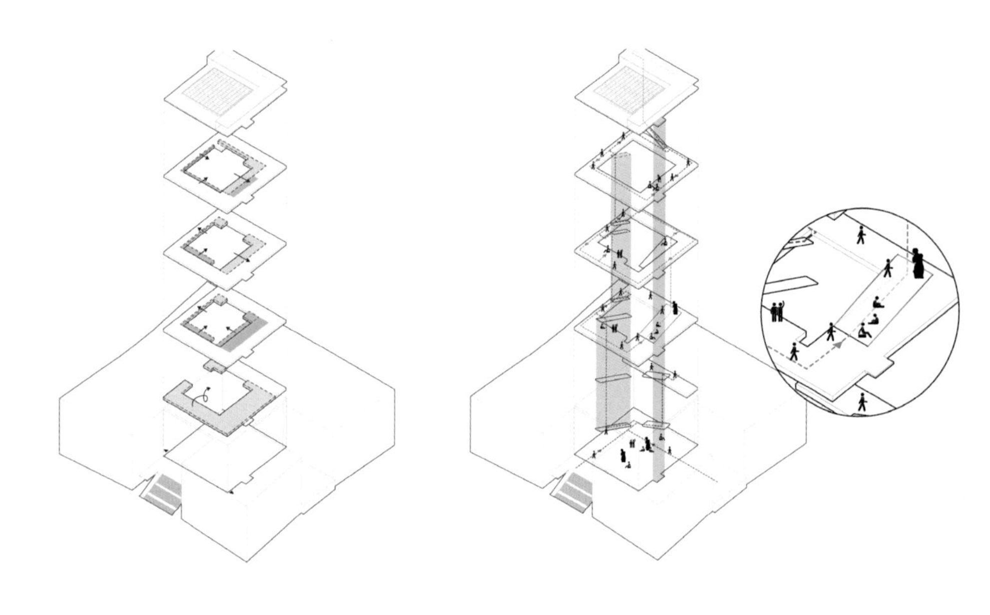

体块推敲

空间，增设大台阶，成为休息、停留、交流的共享社交空间。建筑二至五层的北侧是主入口相对的展示面。设计在经过推拉调整后，形成了更明确的层级关系，并进一步在该区域植入景观平台，与原建筑空间的屋顶步道和空中花园产生联系，形成立体景观系统。与北侧的错层绿植平台相对的是二、三层南侧区域的跨层观景平台。绿化的植入在丰富视觉效果的同时，也丰富了人们的空间体验，呼应了济南的地域文化元素。

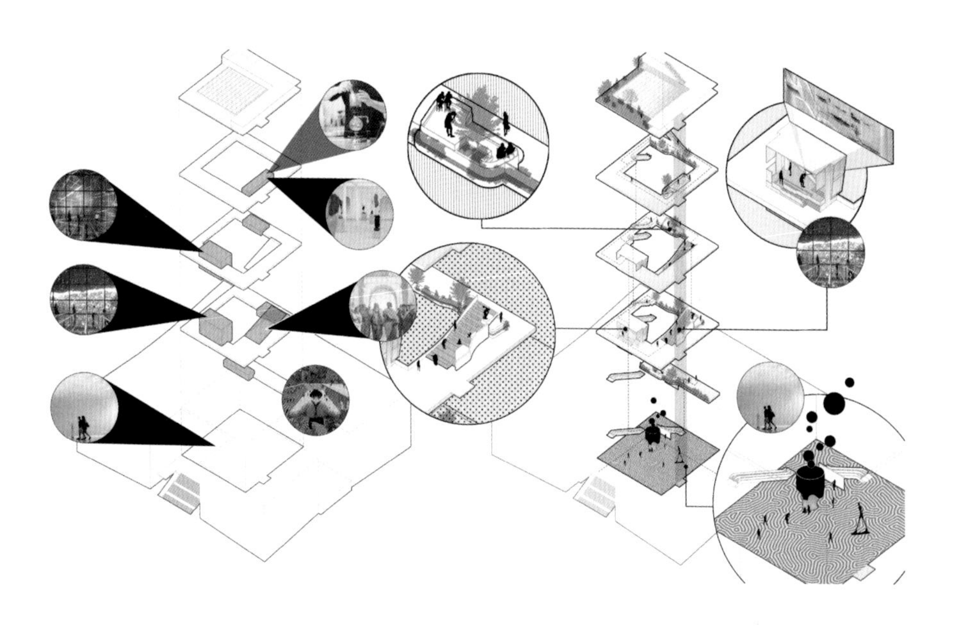

空间节点植入体块推敲及功能分析

重构场所功能

空间重塑的一大目标是优化中庭的使用。项目以中庭为场所的中心系统，与各层级的其他功能区域进行连接上的梳理。同时考虑中庭作为

中庭实景照片

核心公共空间，如何通过进一步的空间优化，成为促进人们活动、休息、交流的区域。

2 层中庭拼贴图

FLM 中庭拼贴图

中庭空间节点效果图

2 层中庭大台阶拼贴图

原建筑中庭空间呈现单一的垂直使用状态，除作为主要通行路径外，并未附加其他功能。设计通过在中庭不同区域植入空间节点，进一

中庭空间节点实景照片

步活化了原本仅作交通路径的廊道空间，考虑如何强化空间中的共享概念。

入口空间实景照片

项目改造希望在建筑空间的入口处营造一个立面视觉重心，以吸引人们进入空间里面。中庭作为整个文体中心的枢纽和共享大厅，将共享的氛围通过环境元素和层次结构渗透到各个连通的功能体块中。区别于原建筑单一的空间布局，设计通过对各层平面进行推拉调整，可以有效引导平面上的体块产生空间的错层关系，使空间在垂直方向上的视觉关联变得更加密切，营造出层次更为分明、丰富的展示面。

设计进一步结合济南山水元素，在展示区域植入了大面积的景观平台，以白色材质区分绿植平台与空间的图底关系。中庭北侧二到四层的绿植平台，与五层的屋顶步道和空中花园，结合形成了一个完整的景观立面。景观平台、屋顶步道和空中花园形成贯穿整个文体中心的立体景观系统，使整个文体中心更具生态活力。

连接图书馆、档案馆、科技中心的二层空间，考虑到场馆功能的布置，此处人流量较大。通过利用其东侧宽达 13 米的通道空间，结合

大台阶节点实景照片 1

错落的层级关系，在此增设大台阶，使其作为一种提供路径通行体验的同时，也成为人们交流、停留、休息的共享空间。

大台阶节点实景照片 2

在中庭二到三层的南侧，设计植入了连通二层与三层的体块作为观景功能的休息平台，以进一步丰富空间的垂直流线系统，为人们在文体档案中心提供更多休息、活动的公共空间。南侧的景观平台与北

观景平台节点实景照片

侧的错层景观平台形成视线上的交互关系。建筑内部以中庭为整体空间的中部枢纽，空间体块的组织呈现有序的互动，空间层次更加多元与复合。

项目小结

重构，并不是局限于单一空间的调整，更是对整体系统的重构、功能的重组和动线的重塑。原建筑空间以中庭联系各大场馆，建立起四大功能体块之间的串联关系，但整体而言，空间层级相对单一，各层处于相对孤立的平面关系中。改造设计中，项目将整个建筑空间视为整体，沿用重构的设计逻辑。设计首先对整体的空间层级与流线关系进行梳理，再针对中庭的连接关系进行改造与优化。在空间上，一方面以各种错合的形式对空间进行推拉、增减来进行调整。

空间中的层级关系变得更加丰富，空间的错合得以促进人们在动线、视线上的交互，通过植入大台阶、观赏平台等公共空间，丰富人们交互往来的空间体验。另一方面，设计也提取地域元素对空间设计进行深化，通过对材质的处理、景观的植入，让更新后的内部空间形成更为整体的功能与主题复合。整体而言，项目以中庭为中心，通过对空间组织的优化调整，让文体中心成为当地居民共享与交往的日常活动中心。

济南市历下区图书馆设计

重构文化空间

项目名称 | 济南市历下区图书馆设计

设计团队 | 许牧川、蔡敏希、李晓峰、杨尚钊

设计时间 | 2019 年 9 月

项目阶段 | 完成

项目地点 | 山东，济南

项目面积 | 约 5635 平方米

SHINING GIRLS
LAUREN
VALENTE

项目位于山东省济南市历下区，周边文化教育、创意商业资源林立，相互呼应。历下区是济南的高新区，是济南东部文化经济发展中心。近年来，历下区城市经济快速发展，影响力与日俱增。如何提升城市公共空间的独特性和艺术性、为居民带来更具人文气质的生活环境、塑造城市归属感、汇聚人气，成为主要议题。

项目作为历下文体档案中心的功能场馆之一，占据着整个文体中心西南侧的二至四层，将作为历下区新的图书馆使用。图书馆设少儿图书馆、报刊阅览室、数字资源阅览室、图书借阅区、视障阅览区、自习室、地方文献阅览室、电子阅览室、读者休闲交流区、活动体验室、尼山书院、报告厅、会议室等功能空间。人们可以通过文体中心中庭到达图书馆各层区域。

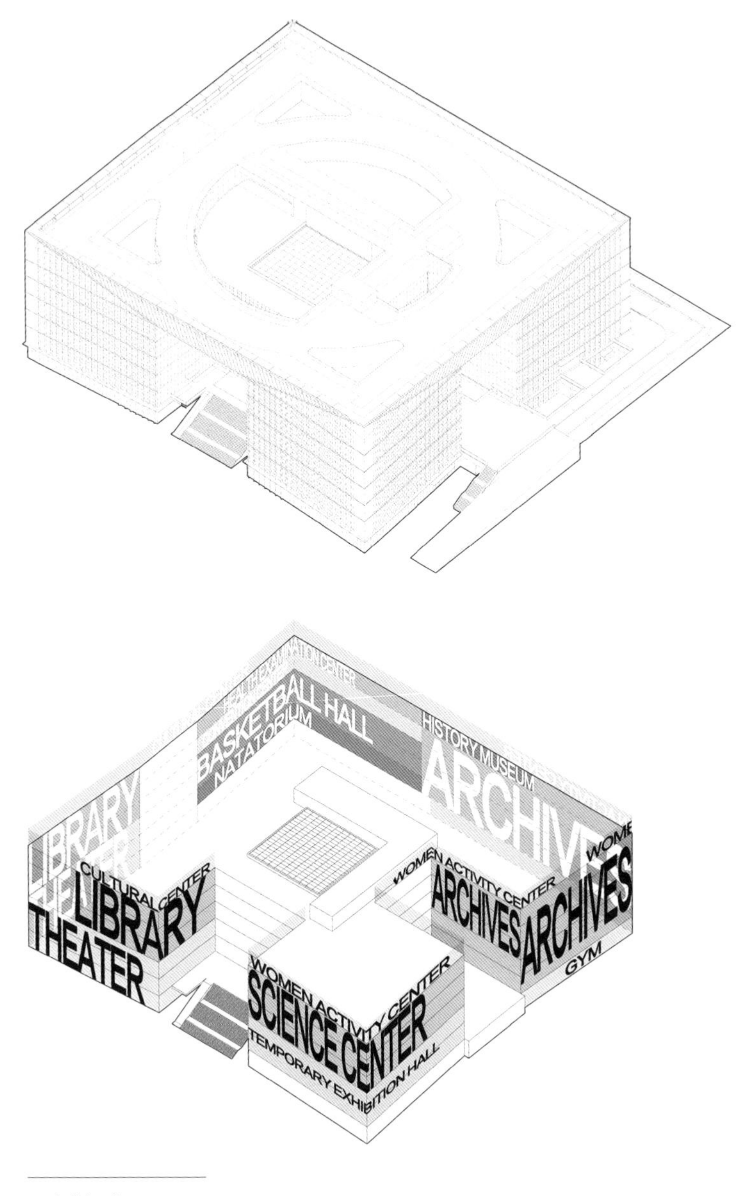
BASKETBALL HALL
NATATORIUM
HISTORY MUSEUM
ARCHIVES
LIBRARY
CULTURAL CENTER
LIBRARY
THEATER
WOMEN ACTIVITY CENTER
ARCHIVES
ARCHIVES
GYM
WOMEN ACTIVITY CENTER
SCIENCE CENTER
TEMPORARY EXHIBITION HALL

原功能组成

重构功能组织

原建筑图书馆平面为 3 层独立的结构，层与层之间相互隔离，仅通过中部楼梯进行连接。原建筑平面功能布置相对单一，仅具备传统图书馆的藏书架及阅读桌椅的功能布置，且空间单一图书架规整布置，与阅读区分割开，各功能区间相对孤立，人们的行为局限于单一的空间内，彼此之间的交流、共享体验未得以优化。

设计从图书馆的功能定位本身出发，思考如何在确保图书馆功能的基础上，激活现有空间的活力，让人们与这个阅读、学习的空间场所产生更积极的联系。设计通过优化图书馆原本固有的书籍区及阅读区功能配置，对藏书架及阅读区域进行优化布置，增加阅览室等功能空间，同时增设展览区、零售区以及共享活动区，使得知识的共享与交流变得更为有趣及便利。

功能思考（对页上）

原建筑平面图

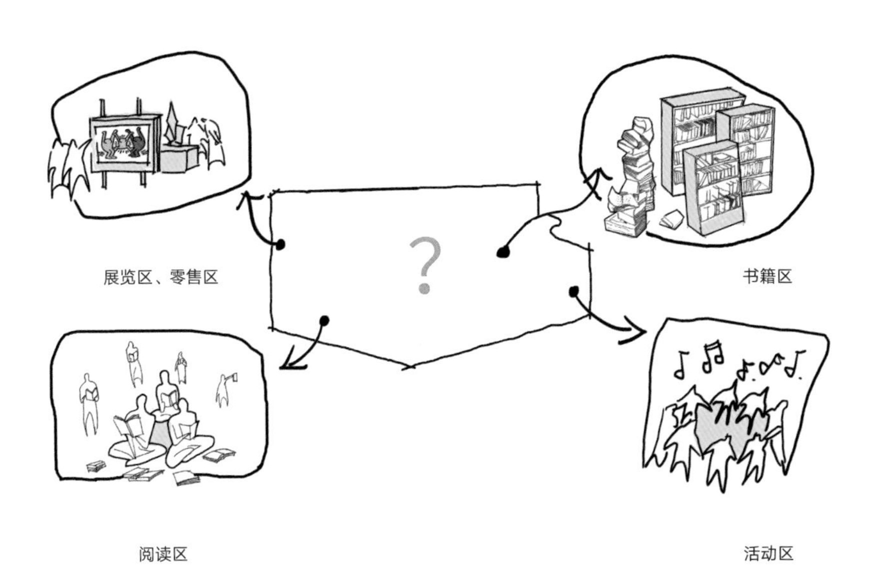
?
展览区、零售区
书籍区
阅读区
活动区

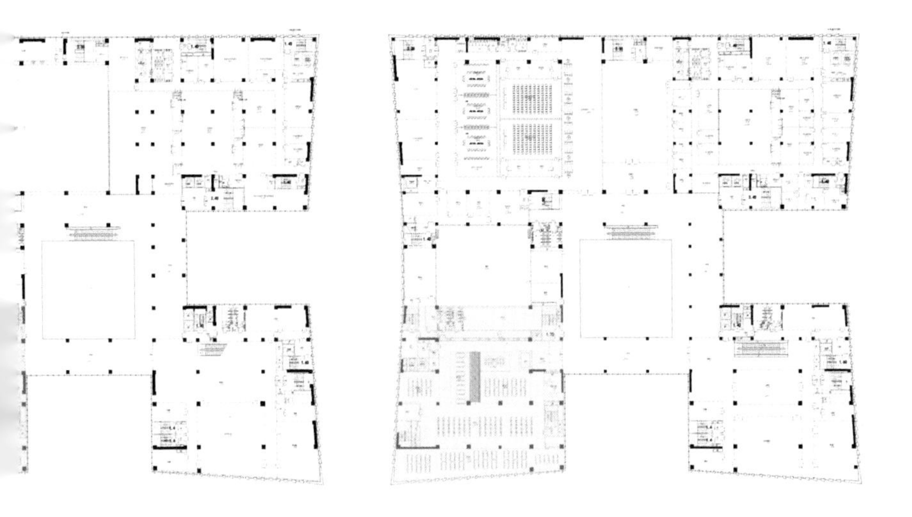

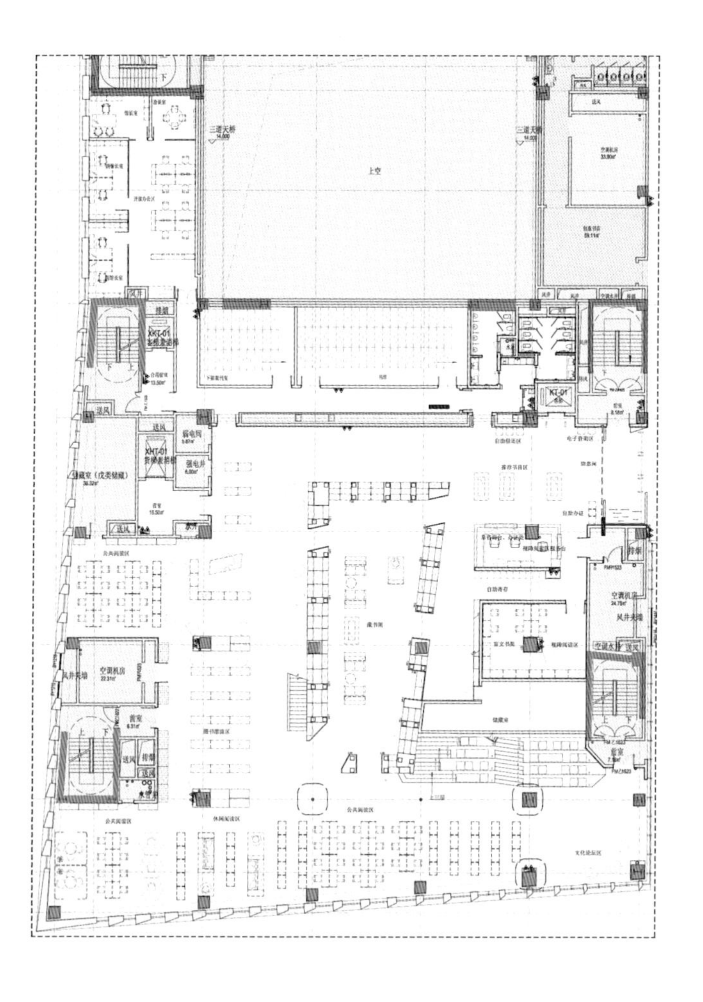

三道天桥
上空
XKT-01
排烟
送风
XHT-01
弱电间
强电井
前室
KT-01
空调机房
风井夹墙
排烟

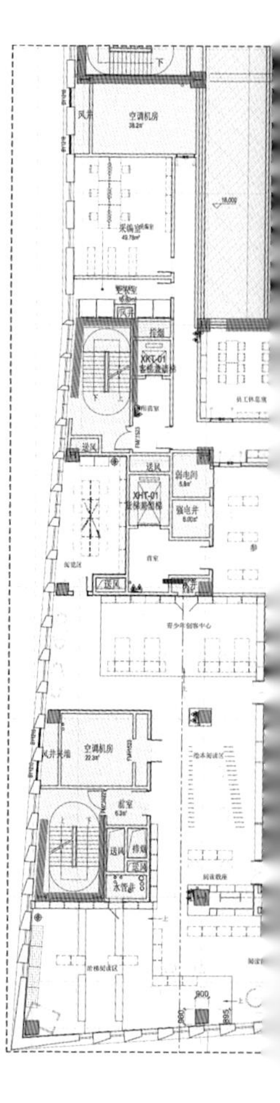

空调机房
XKT-01
送风
XHT-01
弱电间
强电井
空调机房
风井夹墙
前室
送风
水管井

优化后的平面图

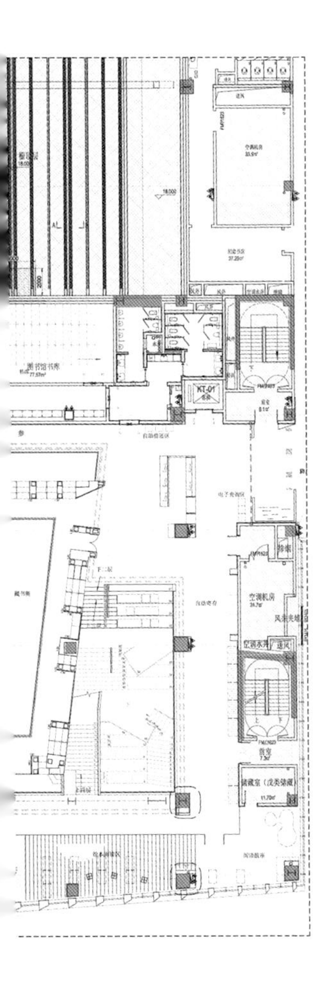

KT-01
空调机房
空调水井
风井夹墙
前室
储藏室（戊类储藏）

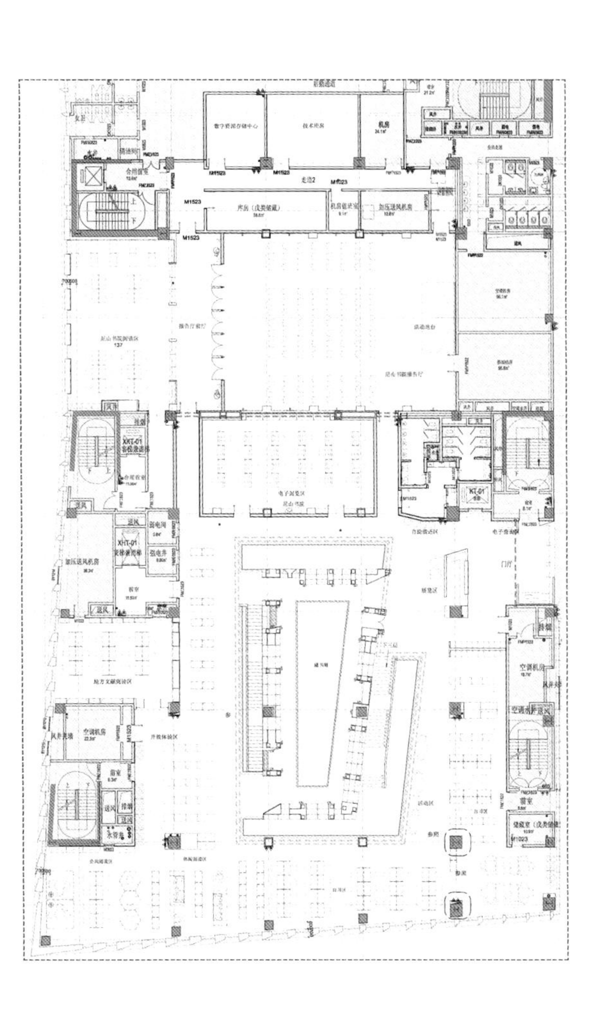

走道2
M1523
库房（戊类储藏）
加压送风机房
机房
XKT-01
XHT-01
弱电间
强电井
KT-01
空调机房
风井夹墙
前室
储藏室（戊类储藏）
门厅

对图书馆的空间功能进行思考与优化分析后，设计再对整体的平面进行调整。基于空间动线关系的重组，在图书馆中部区域置入了庞大的“藏书阁”体块，以兼顾展示、藏书功能的书架进行空间围合，由此打破原本单调的空间，让空间层次变得更加丰富。

“藏书阁”体块的置入使得图书馆三层之间彼此相对独立的问题得以解决，贯穿整体的“藏书阁”体块打破了原本的空间边界，也让图书馆中呈现更加宽敞的活动空间。同时，为了充分利用空间、丰富层次效果，我们在原本的3层基础上增加二层夹层，用大体量的书架

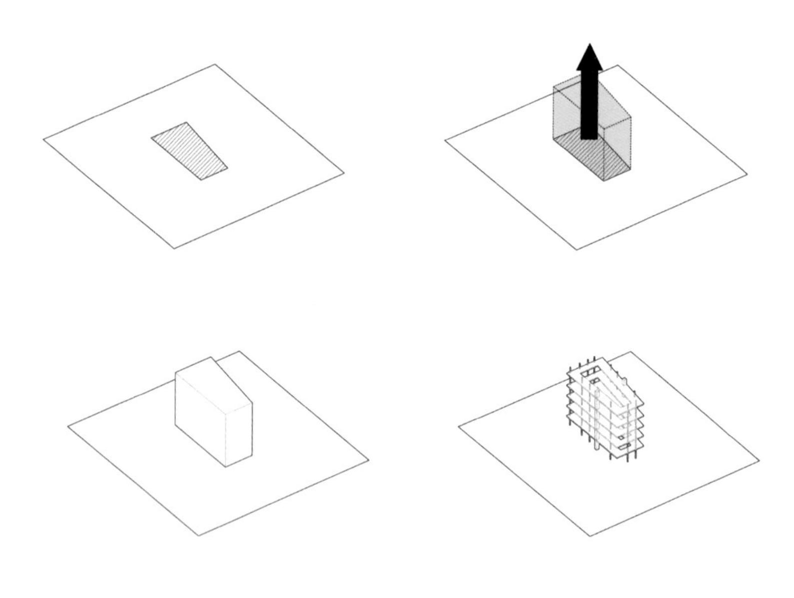

体块推敲

进行围合与强调，形成整个图书馆的核心。书架不只是围合的边界，同时也兼顾藏书、借阅等功能，在烘托渲染空间氛围的同时也兼顾实用性。

区别于原本只有单一的图书阅览室，设计在图书馆中置入了不同体量的阅读空间，如可供多人围坐的阅读桌、多人讨论分享的共享台阶、个人的自习空间以及相对私密的阅览室空间。在满足人们使用需求的同时，改造让空间变得更有层次和趣味性。

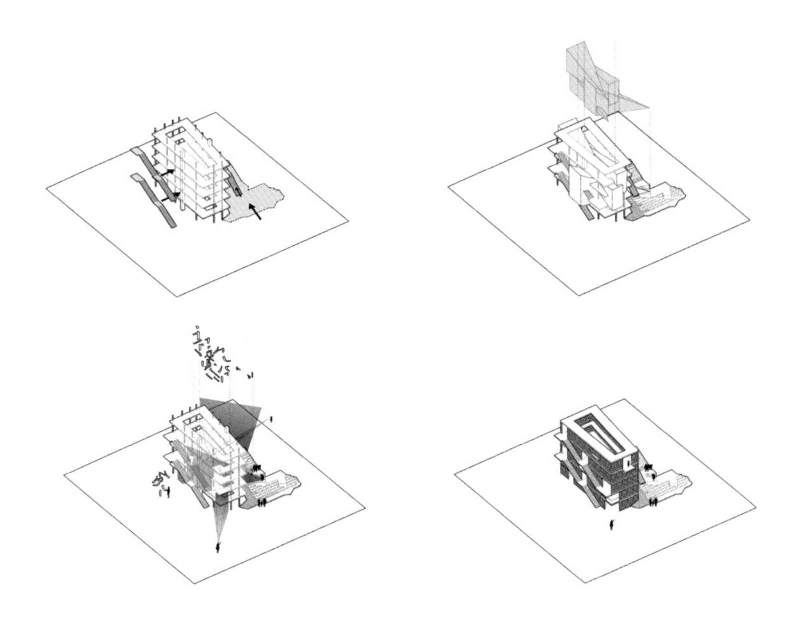

城市公共空间为居民间的相互交流创造了条件，增加了彼此间交流互动的机会。设计希望通过对空间的改造，进一步组织空间中的视线关系，增强共享空间的社交属性。围绕图书馆空间，设计改变了原本印象中封闭、围合的图书馆，在空间体块内不同位置进行孔洞处理，有效引导人们视线的交织，以丰富人与人之间的交往体验。门、窗、观测孔、书架等不同形式的孔洞处理，在打开空间边界的同时，也有效促进人们的视线、行为交流，进一步回应图书馆“共享知识”的设计主题。

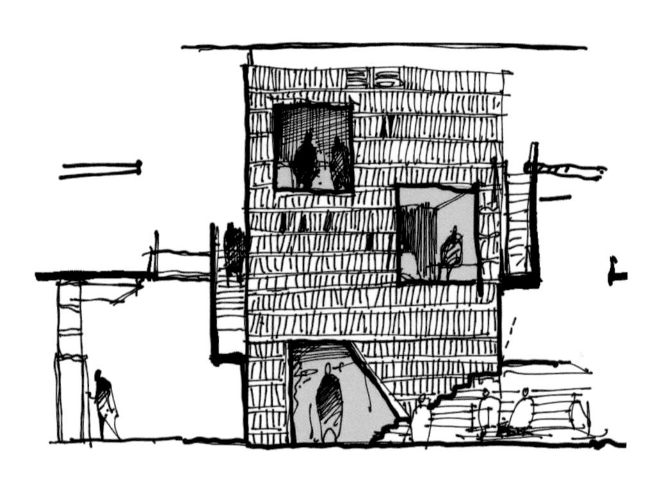

图书馆设计思路

为了尽可能多地让人们在此停留，产生互动，设计以藏书阁为中心，植入环绕式的阶梯作为垂直流线，在阶梯上设置不同的平台区域，作为可供停留、休息的共享空间。环绕式阶梯有效串通中央“藏书阁”的体块网络。利用在“藏书阁”体块周边的大面积公共空间，针对人们不同的使用需求，设计在周边增设各种可以自由停留的阅览区域及展示陈列空间，让人们在空间中穿行时能自由地选择停留的地方。而在采光相对较弱的西侧及北侧区域，设计设置了相对封闭的阅览室空间，有效利用空间配置，优化图书馆的功能需求。垂直流线的环绕式布置使得人们的通行动线得以产生交互，进一步增加人们交流的机会。共享阶梯的设置在满足人们休息、阅读、交谈需求的同时，还可以布置临时展览或者进行学术分享。

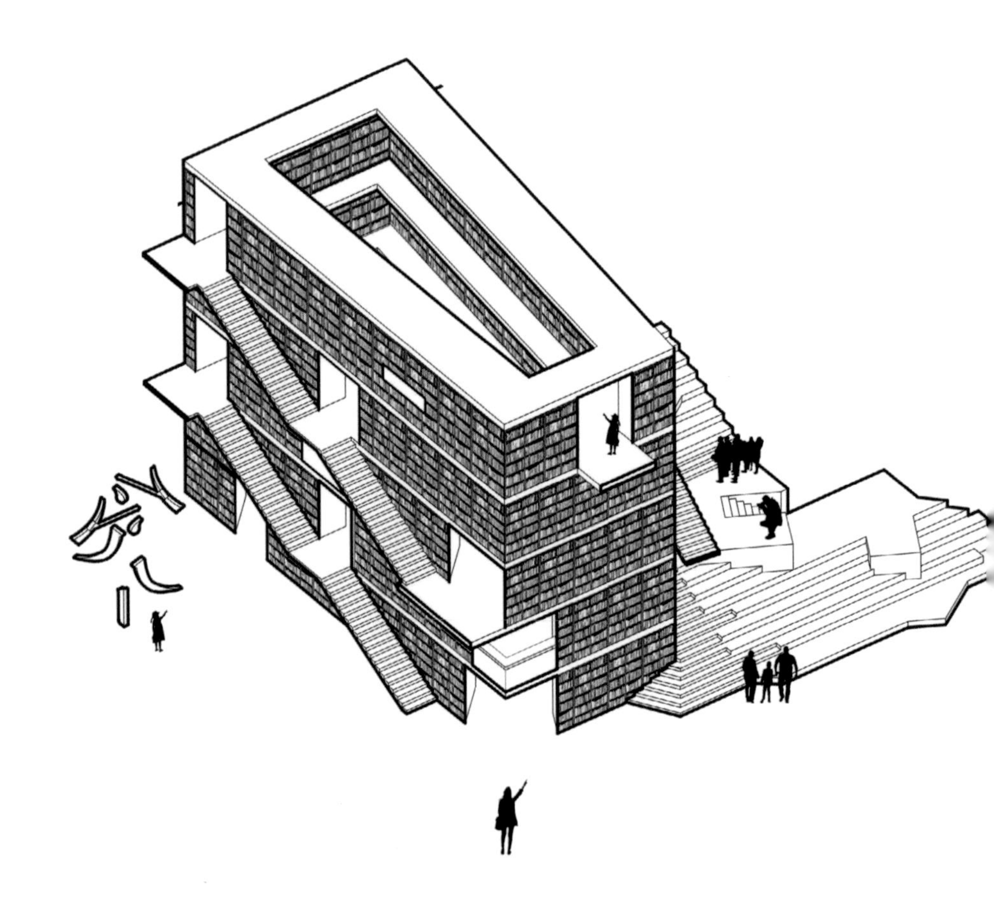

图书馆轴测图

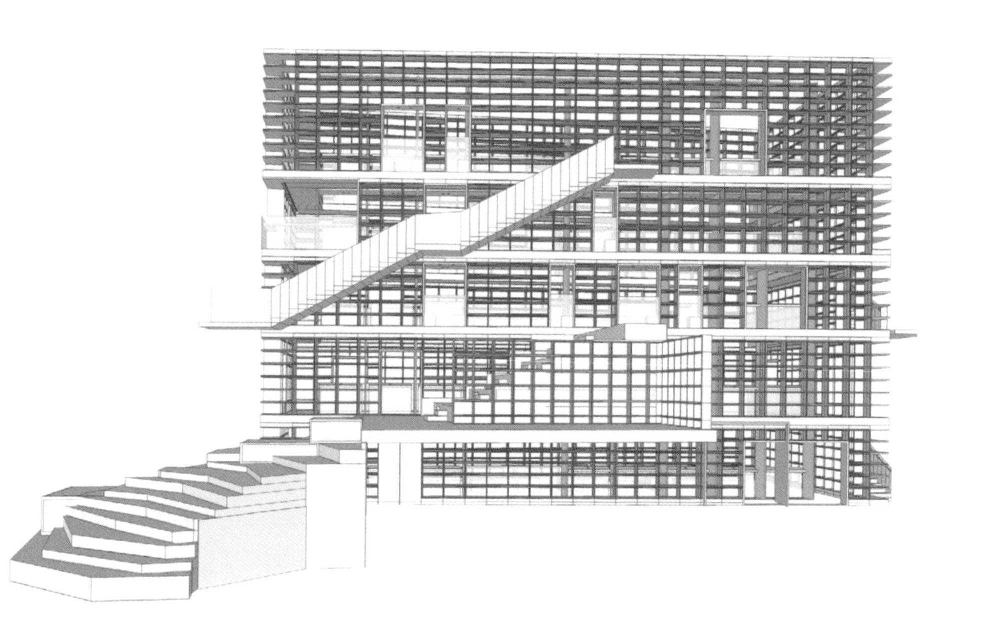

图书馆室内效果图

通过“藏书阁”体块的植入与空间调整，设计在图书馆区域增加了展览区、零售区及活动区。原本孤立存在的各阅览室被中部的藏书阁体块串联在一起。经过空间重构与功能整合的图书馆整体得以进一步呈现知识共享的状态。人们进入图书馆后，经过前台的推介区域，可以围绕着“藏书阁”空间中自由行走，途中遍布各种不同形式的阅读区域。人们可以选择通过藏书阁体块的楼梯通往上层空间，或在绕行一圈后，到达西侧共享台阶。通往上层空间后，同样围绕藏书阁体块穿梭，人们可以选择在南侧开阔的散座中停留阅读，或者选择继续通向上层到图书馆顶层的电子阅览室和阅读区。垂直流线和空间关系的重组，让人们能在图书馆区域内自由选择自己停留、阅读、交往与互动的空间。

为了营造更加浓厚的文化氛围，设计在“藏书阁”空间中心吊挂了拆解字体装置。结合图书馆的空间性质，设计选取了“書”“習”“永”“礼”四字。字体装置为零散的书法笔画，拆解字体装置随观察视角、空间位置的变化，形成不同的视觉效果。当人们到达特定的区域以特定视角观看，便能够看到零散的笔画组合成完整的字体，在渲染空间氛围的同时，增加了人们在藏书阁中游走体验的趣味性。

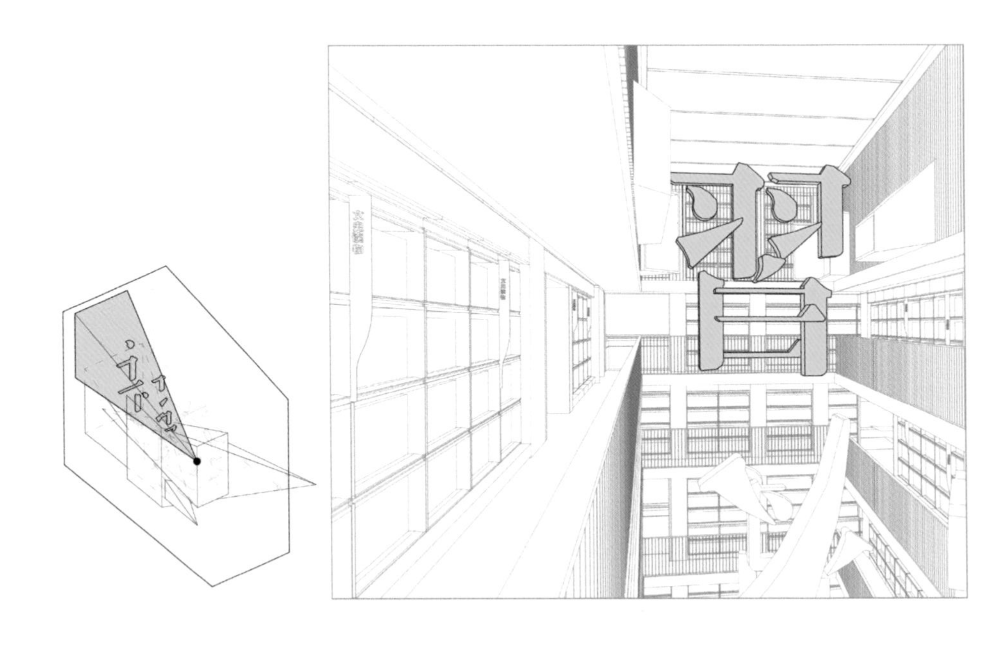

视线分析

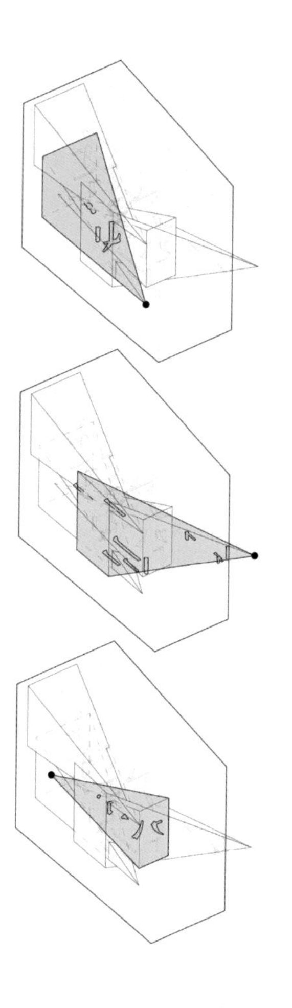

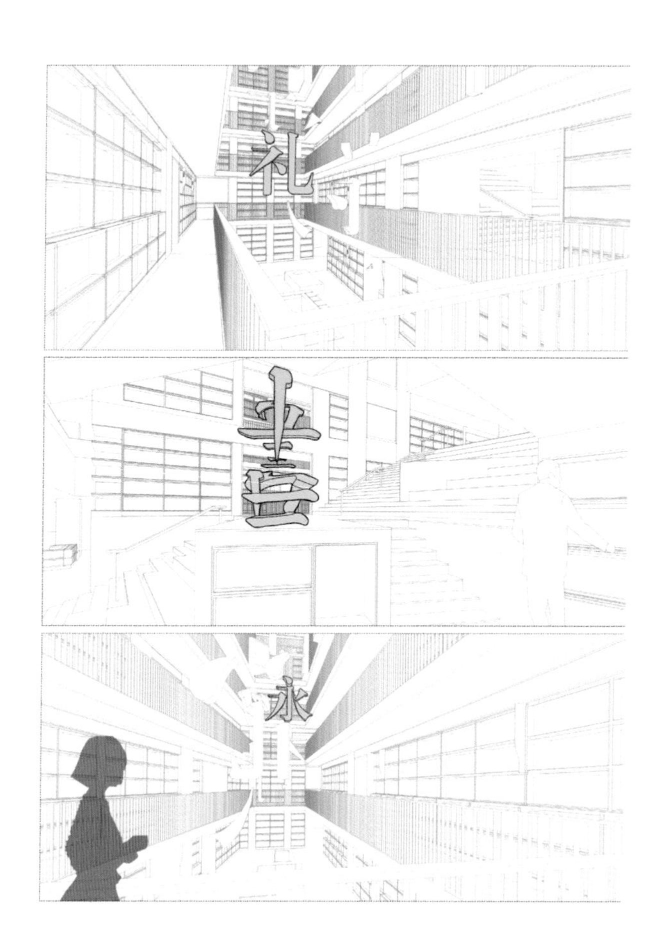

场景营造

图书馆共享台阶实景照片 1

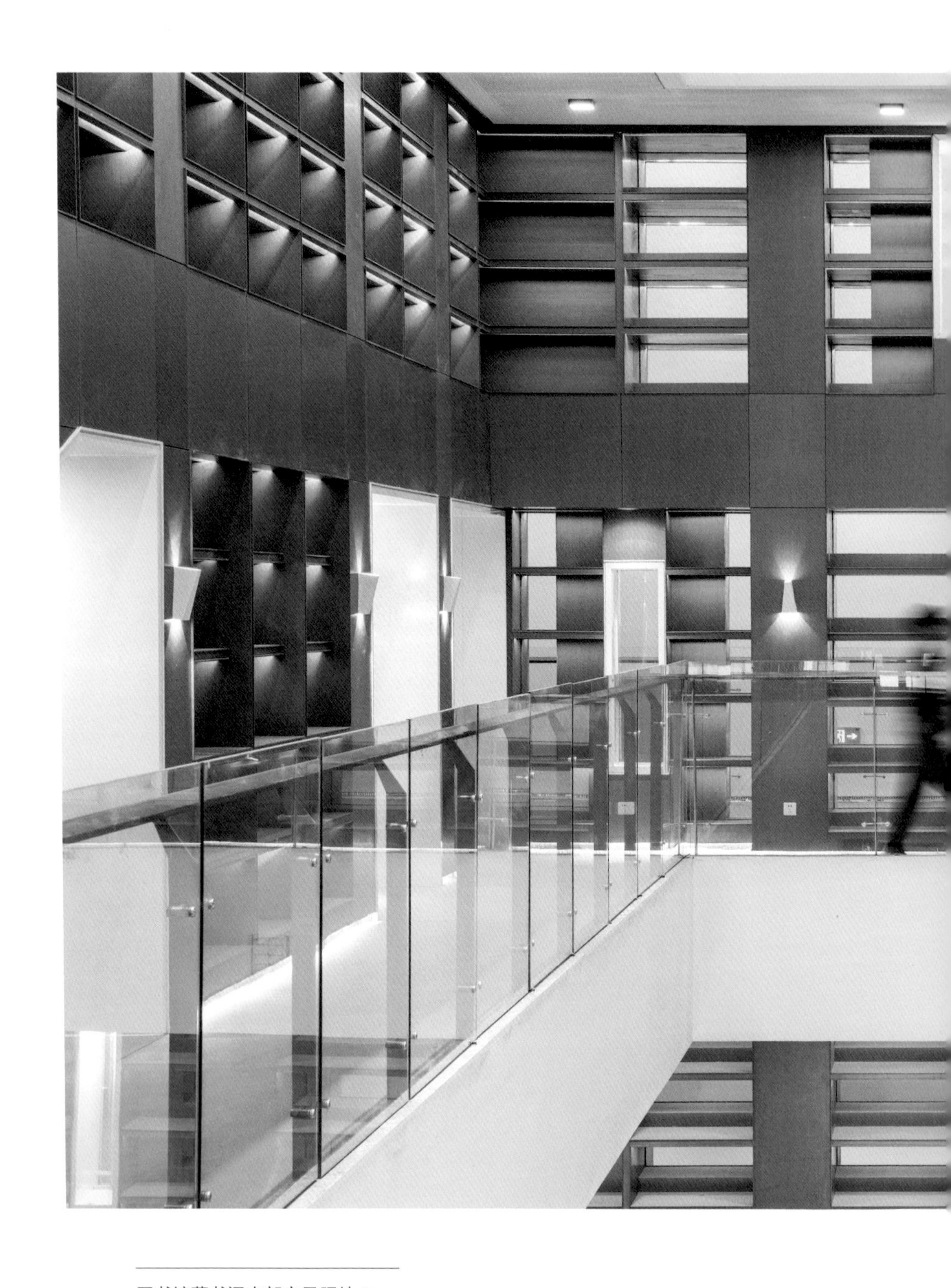

图书馆藏书阁内部实景照片 1

结合空间视线的分析，改造在书架围合中进行不同位置和形式多元的孔洞处理，以引导人们的视线交织，丰富人们在藏书阁中的观感体验，进一步促进人们进行社会交往和知识探索的空间体验，让设计与“藏书阁”的主题设置相呼应。孔洞的处理使得“藏书阁”不再是封闭的体块，而是一个开放的空间。共享台阶与藏书阁体块相连接，通过不同尺度的座位设置，满足人们交流、讨论等各种规模的社交需求。

设计同时对顶棚进行了镜面处理，让空间的纵深感得以增强，使得整个空间更加高耸。

左

图书馆藏书阁内部实景照片 2

设计在“藏书阁”西侧区域设置的共享台阶进一步实现空间上的连通。共享台阶连接图书馆空间的二至三层，打破原本单一的空间关系，使得人们可以通过共享台阶去往三层的阅览区域。这样的处理方式，还进一步优化了空间内部的通行路径。台阶通过斜向扭转的体块打破原本规整的形体，让空间更加活跃，丰富空间中的动线关系。斜向的设置让两侧区域实现较大的共享平台，供人们通行、休息、交流使用。

右

图书馆共享台阶实景照片 2

白色无机涂料与木饰面的材料使用让整个空间显得更为干净。设计在藏书阁书架围合区域进行不同大小的孔洞处理，使得原本封闭的空间增加了整体流动性。人们的感官体验不再局限于某一空间，使得

图书馆节点实景照片 1

人们得以实现水平、垂直方向的交互，由此丰富人们游走其中的视觉、空间感受。

图书馆节点实景照片 2

与藏书阁体块结合后，设计得以有效保留和优化原建筑空间中的连接楼梯路径。在书架体块的内部，设计团队设置了藏光灯带，提升内部空间照明效果的同时，书架的收口、藏灯带的处理，都让空间层次显得更加丰富。

图书馆节点实景照片 3

藏书阁体块的穿透，动线关系的再组织，打破了原本单调的平层关系，使得空间中的视线关系丰富起来，在各层各个空间做到视线穿透，让人们得到更加丰富的视觉交互体验。

图书馆节点实景照片 4

图书馆楼梯实景照片

项目小结

图书馆不再只是一个仅仅与书籍相关的地方，它还为人们提供了丰富的分享知识与经验的渠道。这一现象也使图书馆的类型发生了改变，让当代图书馆成为人们寻找灵感、从阅读中获取知识以及聚会、交流的场所。同时，也充当着社区大厅、城市客厅的角色，促进人们的社会交往。在图书馆体块中，设计对原有的情况进行解析，寻找切入点。在明确了整体的优化方向之后，设计通过对原有图书馆功能布置、建筑结构的解析，重新组织、构造了其中的功能及流线关系。“藏书阁”体块即成为图书馆空间的核心。通过“藏书阁”的体块设置，设计将图书馆空间中的视线关系、空间关系进行优化处理。结合图书馆的使用需求，设计从人们的观感体验出发，重新组织空间中的人行动线，优化图书馆的功能配置。“藏书阁”与共享台阶的整合设计，都是对于图书馆空间垂直流线关系的调整，使人们在空间中进行穿行的时候，能有可以停留休息、发生互动的空间。空间整体优化后，图书馆在原本的阅读、借阅的功能基础之上，增加了兼具学术分享、活动举办、休息、交流的共享功能。空间改造进一步促进了人们在其中的交往与互动，实现了知识共享的设计主题。

深圳市某教育综合体设计

建构社区教育

项目名称 | 深圳市某教育综合体设计

设计团队 | 许牧川、蔡敏希、李晓峰、陈晓玲

设计时间 | 2017 年 1 月

项目阶段 | 完成

项目地点 | 广东，深圳

项目面积 | 约 7000 平方米

项目位于深圳市某住宅社区内，占地约 7000 平方米。原本是一个服务于周边社区的生活超市，经改造后成为一种全新的商业模式——教育综合体。项目原本是社区中的一个生活超市，位于建筑的二至三层，毗邻主干道及大型生活社区核心，正入口连接人行天桥，与各交通流线节点有机结合。项目将原有的社区生活超市，改造成深圳第一个教育综合体，通过空间中功能的重组与整合，解决社区对于儿童教育的功能配置需求。对于家庭而言，社区教育能避免孩子在放学后的无序状态，有利于家庭学习型组织的建构。社区教育还有利于社群文化的建立，让具备不同背景资源的社区学习者聚集在一起。这不仅使孩子们的居住环境具有了学习型社区的价值趋向，也将学校教育延展至社区，打破由家庭到学校的单向路径，让孩子、家长乃至所有社区学习参与者在多维度的教育氛围中共同成长。

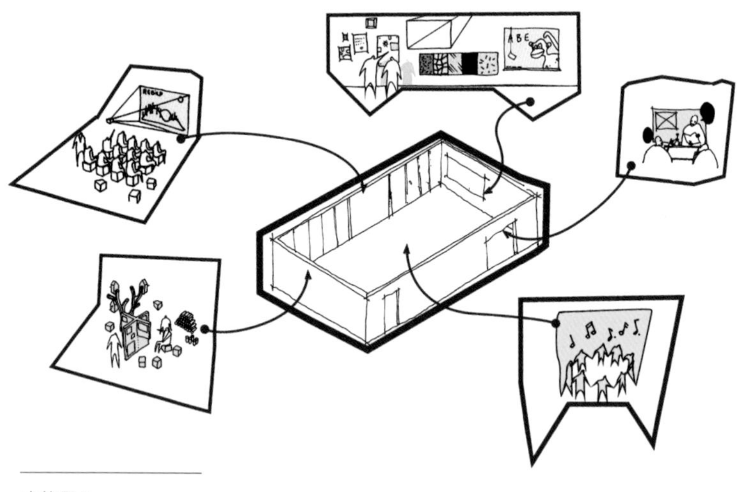

功能置入

该教育综合体划分为科学区、艺术区、体育区、课外辅导区、家庭辅导区、活动区及传统文化区七大板块，提供诸如击剑、舞蹈、沙画、音乐、书法、家庭教育指导、国际教育、中外文化交流等多元教育服务，为深圳首个青少年素质教育一站式平台。同时，项目也是探索社区教育和社区服务相结合的重要环节，针对家庭设置专属项目，提供育儿指导。

对现场进行勘查发现，原建筑体状况老旧，旧建筑的楼层吊顶高度并不高，被各种原有零散的商铺把空间切割得支零破碎，日光完全无法照进室内，密闭的空间、迂回单调的过道，配合昏暗的照明，更显压抑。按业主原本的设想，作为深圳第一个教育综合体产品，在投入上并不想过于冒险，仅准备利用现有的隔墙和吊顶，把各种教育机构置入这个密闭的室内空间，以相对低的经济成本实现首个教育综合体的试行目标。设计团队在听取了业主的需求后，结合现场考察的结果和周边社区的环境需求，思考如何通过空间功能的改造与重组，营造一个开放共享的新式教育综合体，更好地促进社区教育的功能服务。

原现场环境

空间概念重构

项目位于一座3层的商业建筑裙楼内部。项目占据二层和三层空间，主入口位于二层，连接人行天桥。二、三层楼层的空间由楼板与其他楼层隔开，形成两层完全独立的建筑空间。项目仅在二层设有入口，整个空间呈现扁平的“L”形，核心筒和垂直电梯仅为上层塔楼住宅服务。项目改造前，按照原有的建筑格局和原交通流线，孩子、

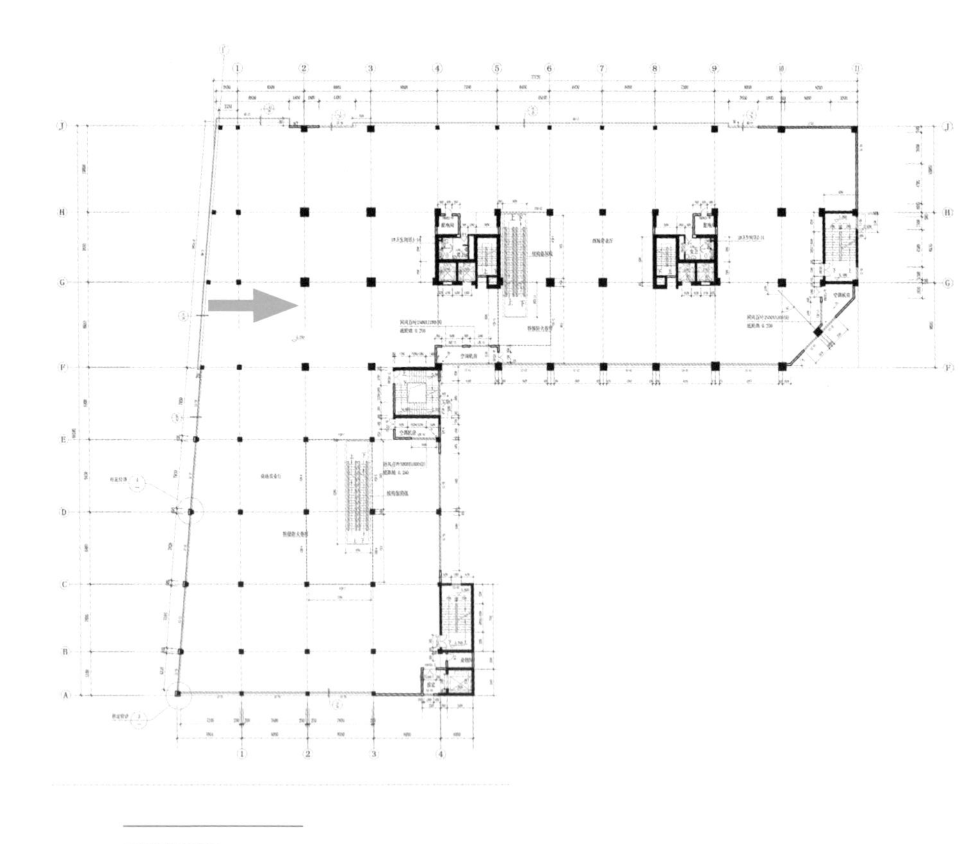

原建筑平面

家长和老师去不同的教育机构上课，只能通过后勤消防楼梯和以前超市留下的两个扶梯通行。从功能和配置上这两层空间都无法进行教学使用。

项目参考商业综合体设置模式，通过营造中庭空间连通垂直空间的层级，同时加强了上下层空间之间的联系，丰富了空间的整体性。设计首先对主入口的一组柱网空间进行改造，将原本位于三层的约100平方米的楼板和梁敲掉，打开了一个贯穿二至三层的中庭，完成上下层空间的联系和重构。再利用大落地玻璃幕墙连通二层空间，大面积地纳入阳光，让整个空间豁然开朗。虽然这个举措对业主来说会减少约100平方米的商业面积，也增加了结构改造等各种额外的成本，但通过中庭改造后呈现出来的空间效果，让业主也认同了这一方案。

入口空间改造前后

设计团队重点关注如何在教育综合体内部营造的多元而独特的空间体验，使得线下商业空间和实体教育模式通过本次空间改造得以复合整型。打开的中庭成为整个空间的核心。通过对目前市场上的各类教育机构进行走访，听取来自各方面的需求，设计拟定可以在教育综合体内引入展览、汇演、等候、自由活动、读书会、自习、沙龙、交流等公共配套功能，进一步活化公共空间，促进教学相关的交往与互动行为，营造多元化的教学空间氛围。

业主原本设想仅利用通道空间连接不同的教育机构，将其简单转换成公共功能空间，最大限度地缩短和减少纯粹的过道空间，扩大连

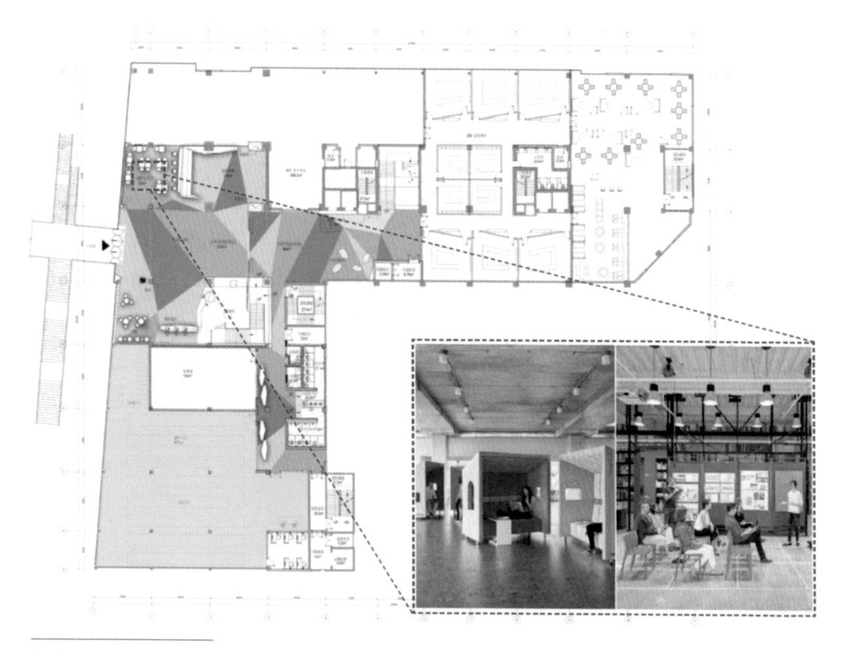

优化平面

接商铺的利用率。但如果仅为了最大限度地出租商铺，利用通道用以连接各个教育机构和商铺，改造后的空间并不会产生过大的公共空间价值。通道仅作为过道连通路径，人们不会愿意停留下来，空间仅仅是空间，并不会升华为场所。经过与业主的几番讨论，设计考虑如何最大限度地保留出租商铺的面积的前提下，尽可能地在室内营造更多的公共空间，让通道不是仅用连接商铺的过道，而是连接各个商铺的过渡空间。设计将空间划分为公共空间和商铺空间两部分，最大限度地兼顾项目商业得铺率和空间体验感的前提下，让公共空间成为建筑的核心，有效形成综合体内部的空间组织与整合。

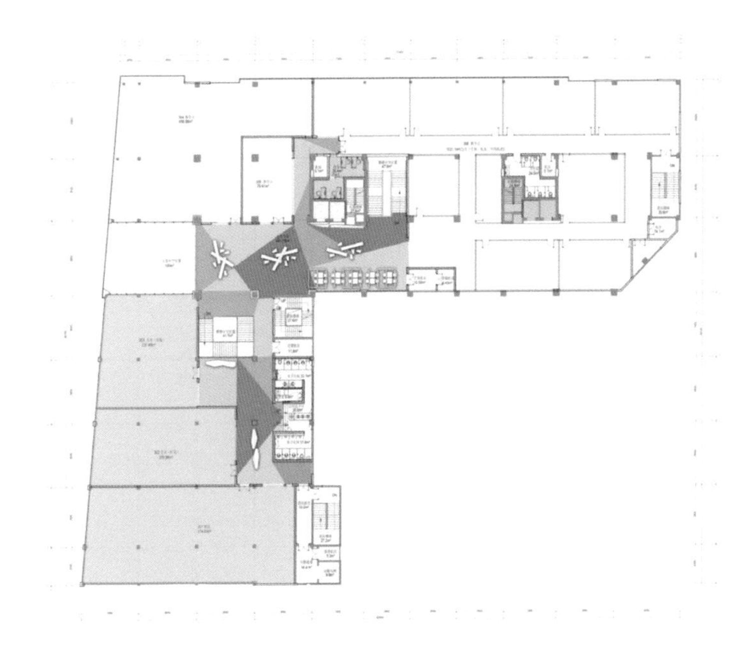

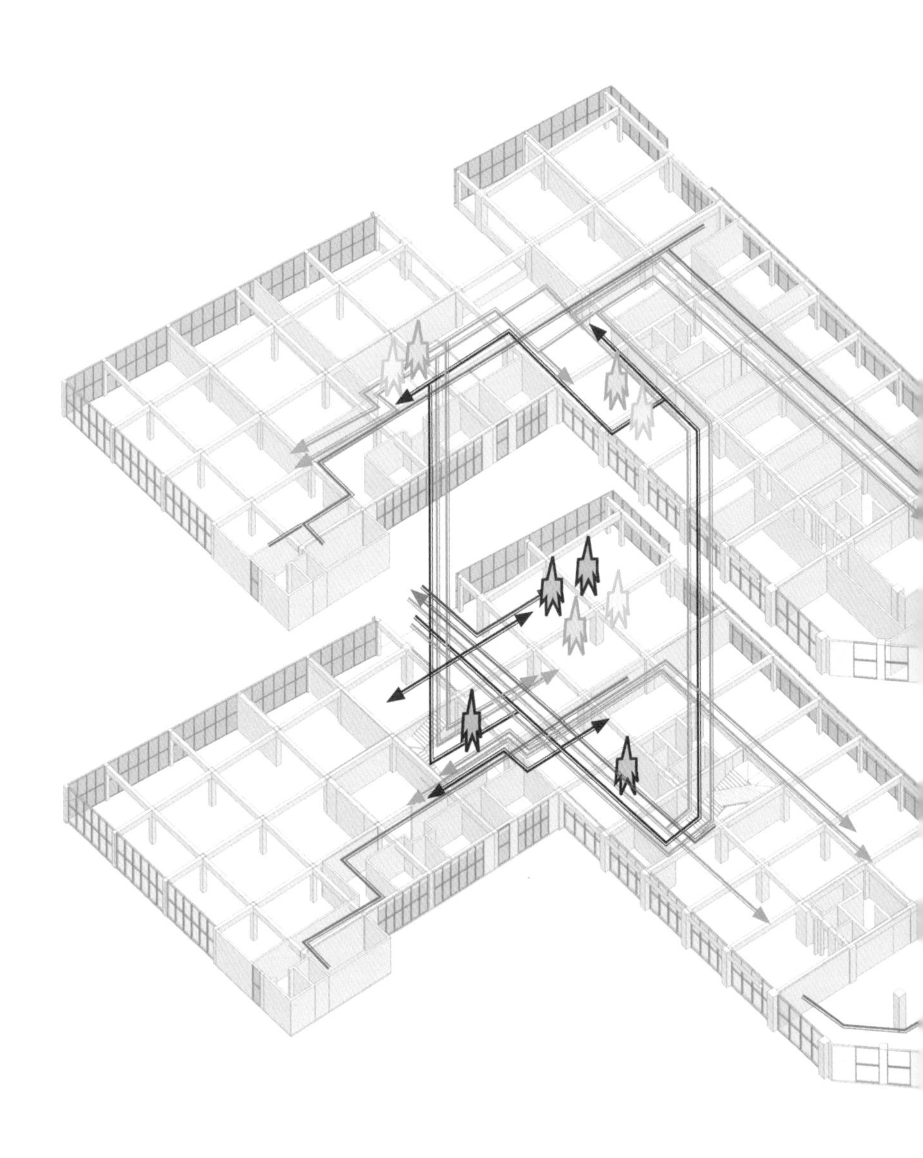

流线节点梳理

学生、家长、老师和教学机构人员等不同人群在不同时间段对空间的使用和行为活动，决定了人们在空间中的聚集点，这就是整个空间的流线节点。改造项目于是把聚集点作为公共区的商业节点，植入不同的功能配置。围绕二层正门入口，在中庭空间一侧设置小剧院和咖啡厅，另一侧设置展示楼梯的接待区和展览区。进入中庭主要空间，在二层连通次要垂直楼梯的延伸空间设有玩乐区。通过楼梯进入三层，进入三层自习区域和公共活动空间。从二层进入教育综合体空间，经过接待问询、饮食、观看表演、玩乐的行为活动路径，再上行至三层，进入学习和交流的教育空间。整体设计从动到静、从外到内的路径，整体空间组织上实现各功能空间的相互引导与有效连接。

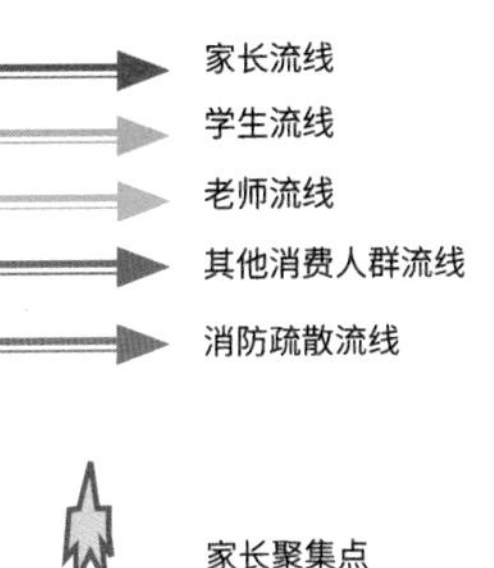

学生聚集点

设计故事主题

从儿童教育的项目背景出发，设计概念以在宇宙中探索的轨迹为故事主题，通过场景设置增强空间氛围体验。设计将各个功能空间设计视为连接起各个独立的星球（空间）。孩子成为整个空间改造的主题对象，能在改造后的教育空间中探索不同星球（空间）的“小世界”。

设计故事主题

设计对孩子们在空间中的行为路径与兴趣活动进行归纳，建构几何元素的空间造型。空间路径的几何折板造型以中庭展开，并作为路径指引，贯穿整个教育综合体的公共空间。几何形体作为原型和造型的基础提供了形式元素图形上咬合的可能。空间由中庭的几何轨迹铺开、延展、贯穿、连接到公共空间的各个角落，结合流线上的商业节点，围合成接待前台、展示楼梯、咖啡厅、小剧院、活动区、游玩区、自习区等不同的公共功能空间单元。开阔的中庭连接咖啡厅、接待区、小剧场和展示楼梯，并引导人们进入上层的自习区和教学活动区。

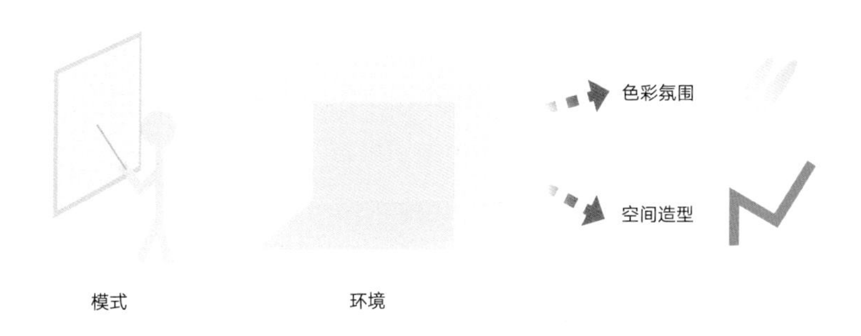

元素组合

在建筑内部的空间布局上，不同的几何形体的空间单元以个体的方式放置于空间整体中。彼此相互独立，而有的空间单元之间也有交集，产生互相联动的动态空间关系。贯穿的几何轨迹进一步明确了这

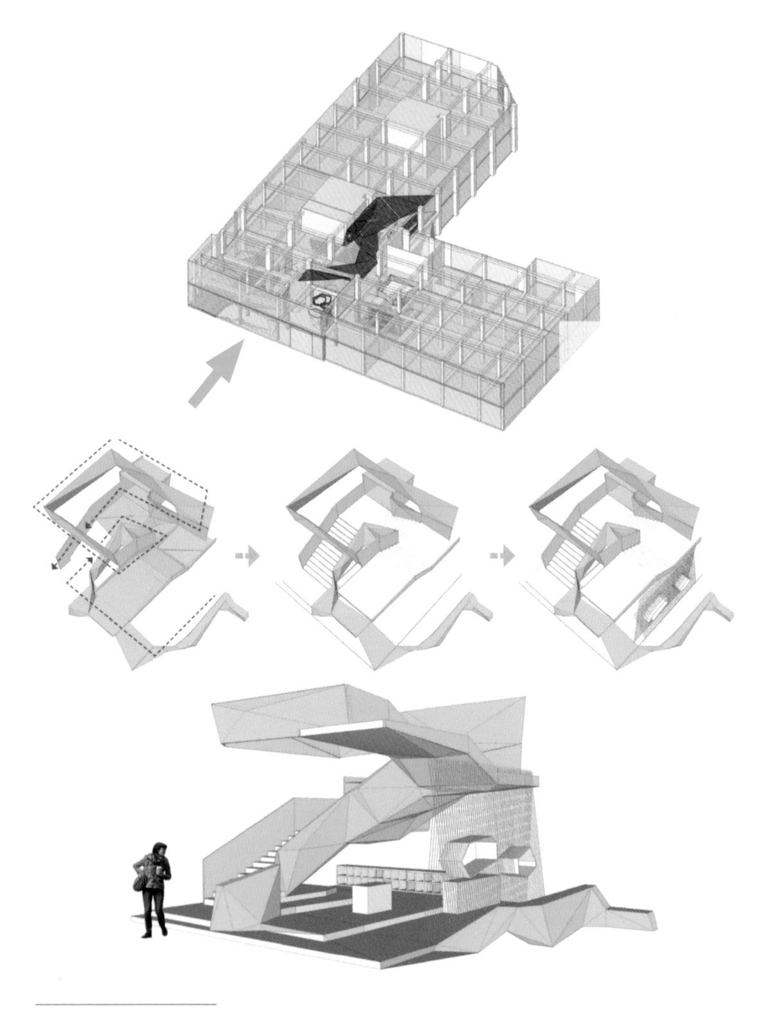

几何空间组织 1

些空间单元的串联关系，促进空间的整体流动性，增进空间内视线的引导和造型氛围的感知。

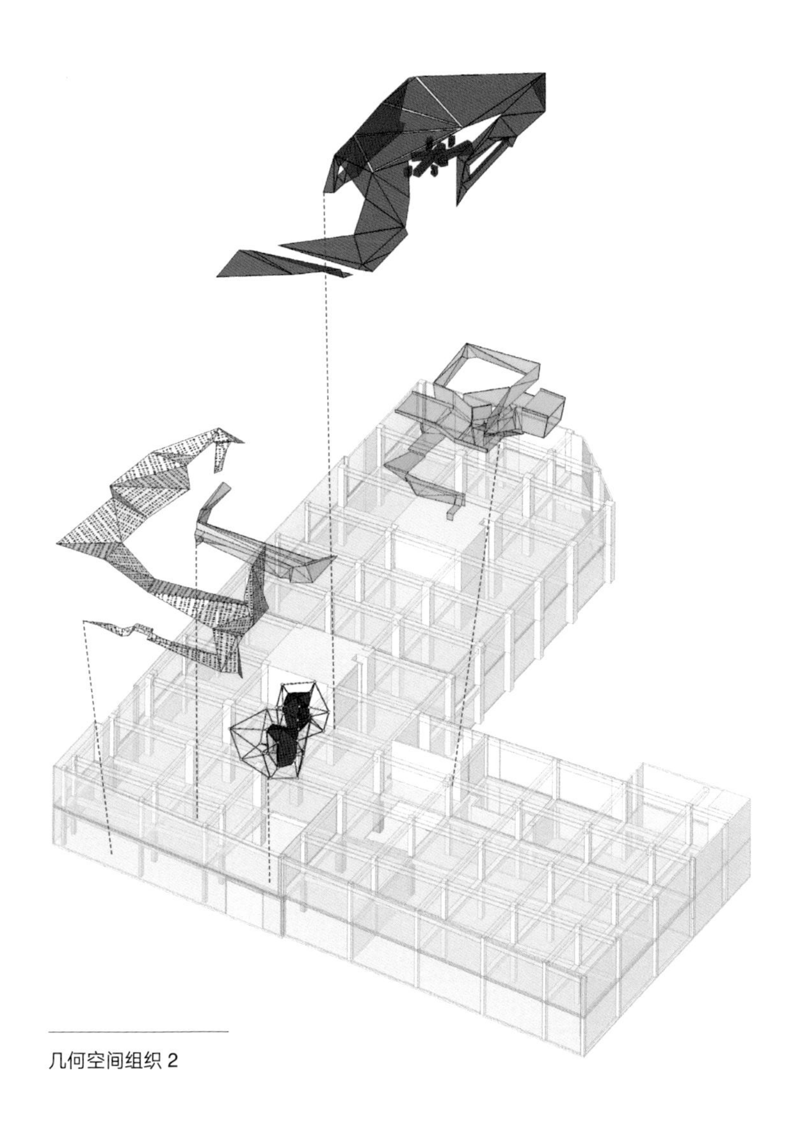

几何空间组织 2

入口中庭

为了呈现几何独立空间和自由轨迹的整体效果，项目应用了大量非模块化的铝板和 GRG 材质，这些铝板被赋予不同的颜色和质感，这意味着设计师们必须给每一块不一样的板材编好编号和顺序，在现场与施工方紧密跟踪合作，逐一核对模型与方案的对应安装。设计进一步用高饱和度的鲜亮颜色来强调物体的位置关系，通过艺术装置的

入口接待及展示楼梯

单元空间形式引导视线和路径，连通至三楼空间。中庭空间使用木色几何铝板，从地面到顶棚引导人们的视线贯穿整个空间，左侧空间设置蓝色楼梯，连接二层和三层的通行路径，并结合棱角分明的几何造型，围合出一个贯穿两层的展览平台空间。

几何体块与色彩围合的展示楼梯

位于中庭另一侧的是一组由明黄色体块围合而成的迷你剧院，其与咖啡厅相邻。作为一个教育综合体内的展示空间，迷你剧院为家长和孩子们提供交流对话和多元互动的功能。

迷你剧场

改造将建筑内原本阴暗的楼梯转化为微型互动天地，加入攀岩和滑梯的游乐功能，让该空间成为家长和孩子们都喜欢停留、游玩的场所。黄色和黑色的对比进一步强调了空间的活力氛围。

迷你攀岩游乐区

公共活动区

“小房子”自习区

通过蓝色的展示楼梯或明黄的攀岩楼梯，进入三层空间，来到相对安静的自习区，毗邻项目中最大的基础学科补习机构，比起其他诸如舞蹈、书法、音乐等兴趣培养机构，这里的人流量更大，更多的学生除了来上课之外，还需要一定的空间进行作业预习、温习、等候、交谈等活动。自习室的设定原本是彼此独立的封闭空间，但这样的话只会让原本不大的空间更显压抑。设计采用透明的玻璃幕墙，强调空

模糊的边界

灵活的“小房子”

间的整体流动性，模糊空间的边界，增加空间与空间的交融。由骨架勾勒出来的“小房子”呈现通透造型，阳光直接投射到室内，让整个建筑内部呈现更开放的空间氛围。设计同时给“小房子”增加机械活动装置，通过滑动的表皮，给不同区域提供一定程度的空间围合，实现空间开放和私密的互相切换，根据不同的使用范围进行调节。

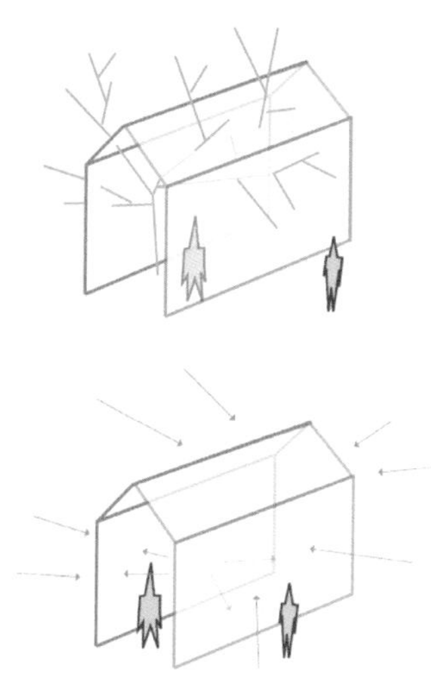

通过模糊界限达到空间的交流，增加空间与空间的交融性以及人与人相遇、交流的机会。

三层公共活动区

音协艺术中心
考级

自习区一角

项目小结

城市建筑综合体是将城市公共空间中的商业、办公、居住、展览、餐饮、文娱和交通等城市生活进行多元组合产生的综合建筑空间。建筑内部在各功能部分之间存在一种相互依存、相互助益的能动关系，共同作用形成多功能、高效率的建筑综合体。基于城市综合体的概念，产生了依托于城市社区的教育综合体。整个项目的方案设计围绕“有趣、交流、分享、收获”的教育观，旨在通过教育空间的营造，为孩子们提供多维的教育资源和个性化的学习空间。通过空间的营造和功能的植入，为教育空间赋予更多生活化的积极意义，为社区教育提供更多元的可能性。

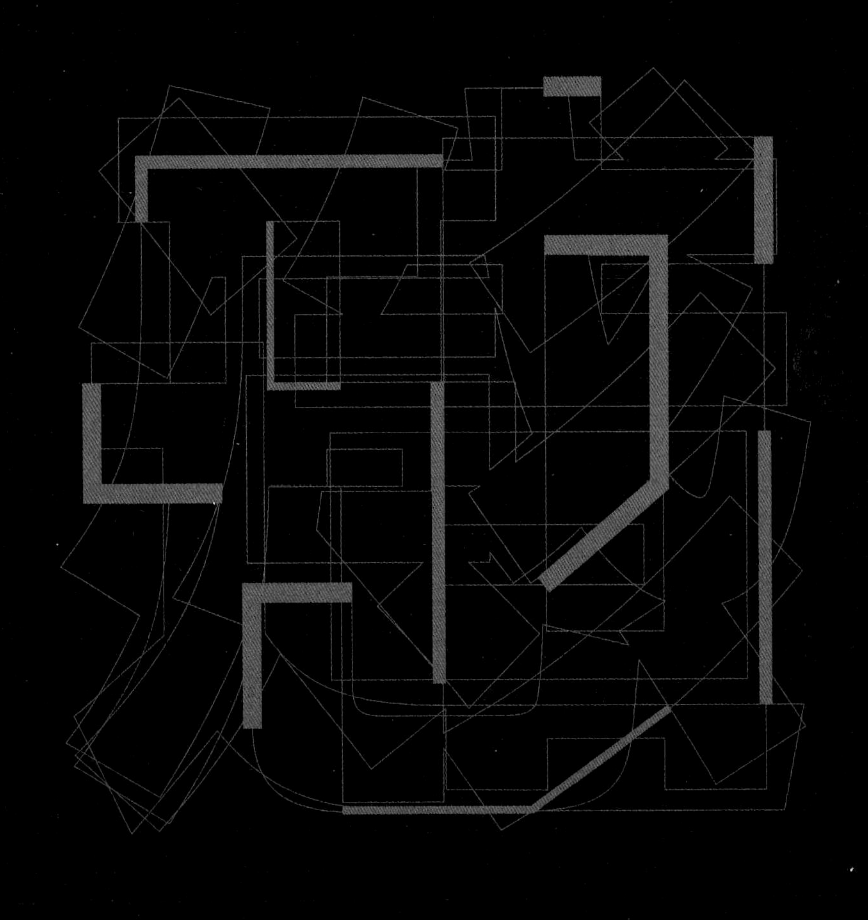

造形与感知

深圳 / 西安地铁站点空间设计

广州市某办公空间设计

“造形”的意义不仅仅是建筑空间中的造型艺术。“形”强调建筑空间中建立形式符号与图像之间的关系。柯洪（Alan Colquhoun）用“图像”的观念考察形式，认为有效的建筑形式不是单纯意义上的造形艺术风格，而是具有文化涵义的构造和图形符号的再现：“原先作为内容的表现形式现在变成内容本身。我们正在面对一种元语言——一种讲述它本身的建筑语言”。[1]对图形符号的建构，强调形式背后反映出的一种逻辑思维体系，让空间内容成为带有本质内涵和文化意义的象征。

造形的目的在于“感知”。以人的行为和空间体验为出发点，建立空间体验和形式象征之间的有效连接。设计基于建筑环境寻找意义主题，通过转译、隐喻的设计手法，以艺术化和抽象化的形式生成相应的象征元素，成为空间中的表现形式语言。以“造形”作为介入空间改造的一种方式，并不是将造形艺术直接附加在空间表面。“造形”，是有意识地将社会生活环境中有图像意义的语言符号转译到空间设计中。通过对自然、地域、文脉、艺术的仿照、模拟，将建筑图形符号的象征和空间内部的功能属性进行综合设计。人们通过自己的经验和知识，将形式语言解读为符号象征，建构起自身对空间环境的感知。

概念化的主题形式往往受到建筑环境的主导，而建筑空间和形态的表达，反过来又能衬托相应空间的叙事化场景表现。“造形”的方式强调在现代生活的空间状态下，建构一种连通形式和功能，平衡人对于地域、环境、文脉之间的关系，使呈现的空间改造设计能适应、融合为现代生活状态的一部分。“造形”的手法产生现代城市空间中综合的设计元素表达，以实现光影和环境再现的场景建构。

“造形”所产生的空间和城市环境的再现意义之间的关系，是本章的设计改造案例试图探寻的现象和问题。本章通过广州某办公空间的改造项目和地铁标准站的室内方案设计详解，思考如何将设计的形式语言融合为现代社会生活中的一部分，让设计元素的形式建构和符号象征带来对空间更好的感受和认知，建立人与现代城市空间之间更友好的联系。

办公空间和交通空间都反映现代生活的状态。设计改造中的象征元素不仅展现出空间与周围环境与文脉之间的关系，也在空间中回应这种现代城市生活的方式和状态。在办公空间的改造优化过程中，基于建筑环境的物质基础，设计思考如何将白云山的自然环境通过符号元素组织进办公空间，让自然化和主题化的元素象征成为空间的一部分。例如利用透明玻璃作为形式表达的材料媒介，在丰富空间元素建构的同时，呈现简洁、高效的现代办公空间质感。将山形的主题符号与办公的功能类型进行有效结合，也是赋予该空间个性和特点的一种方式。白云山的自然印象得以从城市延伸至室内的办公空间，为人提供概念化的空间场景和环境体验。

地铁交通作为城市建设中的重要交通枢纽空间，有独立轨道的城市节点网络，又与城市的交通和商业系统相互连接，延续着城市公共空间，将地下的交通网络和地上的城市道路连接成统一的有机整体。张为平谈到，地铁是“基于时间的空间系统：在地下的地铁系统中，乘客无需观察城市的风景，通过地铁站的线路导视，即可随时判断自己是在城市的边缘还是中心。”[2] 作为具有明确功能的交通系统，地铁的站点线路呈现不断规划与完善的城市网格，而越靠近城市中心的地铁换乘站，其空间系统就愈加复杂。乘客置身地铁的交通系统中，总是过渡状态，在空间中有不同意义的互动文化和体验。地铁标准站的设计通过高效、明晰的功能布局，引导乘客在站点线路中分流与穿行，配合高强度的班车作业，在高密度和高流动的乘客集散状态下，对地铁站的各层级区域进行匀质的空间规划。[3]

基于时间和地域感知的空间体验，地铁标准站的改造设计项目在立意和展开的过程中，通过时间线索和功能层级，在空间中构建相应的节点关系。通过对地铁站点的地域环境进行考察与分析，抽象提取设计符号，转化为场景呈现的主题元素，象征现代城市的街道以隐喻的方式延伸至地下的地铁空间。这种方式也利用地铁站空间作为现代的文化载体，展现城市不断更新的文脉风貌和生活状态，促进与城市不同类型和功能层级间的连接与互动，增加乘客对所在城市的融入感和亲和度，成为人感知城市和环境的参照系。

1 科洪．建筑评论：现代建筑与历史嬗变 [M]. 刘托，译．北京：知识产权出版社，2005：194.
2 张为平．隐形逻辑：香港，亚洲式拥挤文化的典型 [M]. 南京：东南大学出版社，2009：123.
3 张为平．隐形逻辑：香港，亚洲式拥挤文化的典型 [M]. 南京：东南大学出版社，2009：159.

深圳 / 西安地铁站点空间设计

营造地域符号

项目名称 | 深圳 / 西安地铁站点空间设计

设计团队 | 许牧川、杨尚钊、张仲宁、李均杰、陈泽选

设计时间 | 2018~2021 年

项目阶段 | 完工

项目地点 | 深圳、西安

项目尺度 | 深圳 16 号线部分站点、西安 5 号线

地铁站点空间

地铁是城市公共交通运输的一种形式，原本指在地下运行的城市轨道交通系统，但随着城市轨道交通系统的发展，其定义也开始不断延伸。以往的地铁作为一个快速穿行、交通枢纽为主、停留短暂的场地。标准化的地铁空间中，乘客在车站的快速行进过程归结为“进站”及“出站”，从而出现了地铁行程中单一性的现状。在视线引导中，单纯靠标识和主题墙来引导客流。

地铁感知概念图

地铁室内分别由换乘通道、连接通道、站厅空间和站台空间组成的地下性质的公共空间。乘客在使用流程中，通过不同区域上所用的时间不同，从进站、买票、检票到乘坐地铁，不同的场景会有不同的目标导向，产生不同的行为需求、关注点和行动特点。项目通过对流线的分析与人群视线分析，归纳出重点个性区域与标准共性区域，在此基础上，结合空间垂直流线与人们前进的方向，总结出人们的视线停留点和关注点。在乘客快速的行进过程中，通过场景塑造，为地铁营造具有主题特色的空间氛围，把以往的城市交通运输功能空间转换成城市具有主题特色的公共空间。

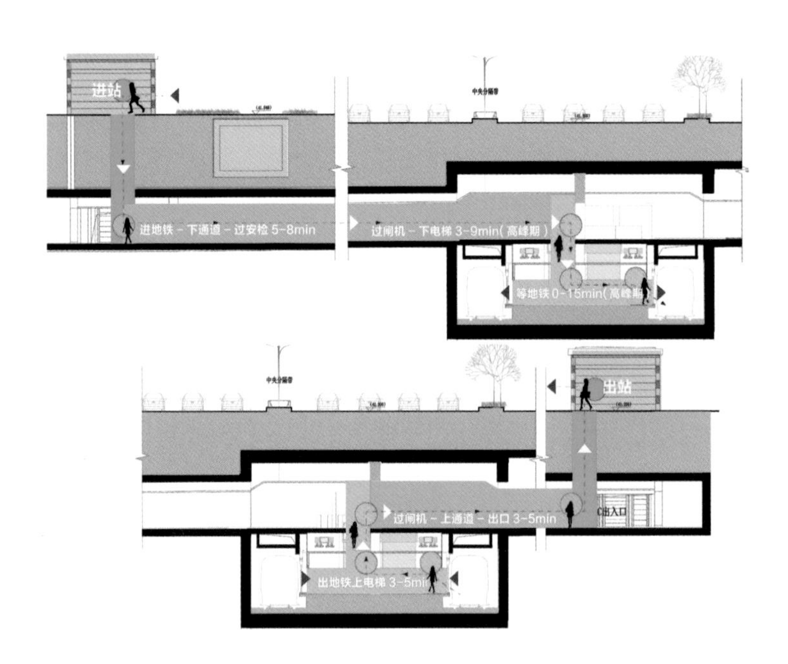

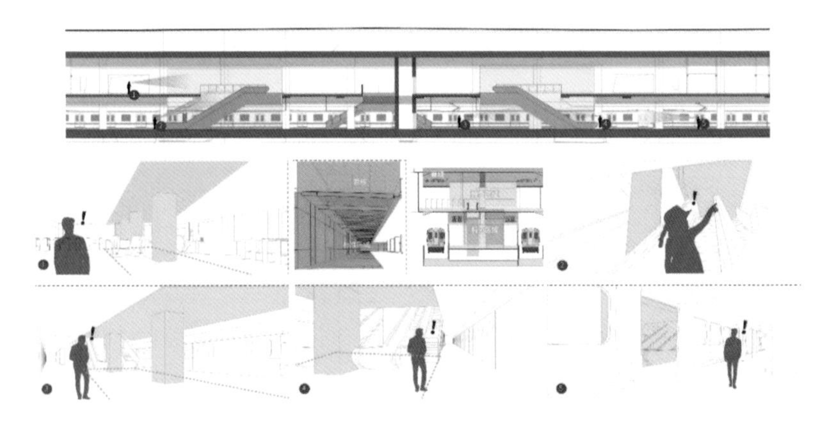

进站流程示意图

视线分析图

项目将每一次的地铁出行定义为一场“文化之旅”。设计考虑在地铁功能基础的条件之上，在行程中添加艺术主题的空间节点，将其合理地嵌入地铁站点的功能逻辑设计中。让站点空间的设计在有效引导乘客的地铁路径的同时，增强空间的地方识别性。例如，在站厅和站台区域，通过地面的铺砖、墙面展示以及公共座椅和艺术装置等，让乘客对站点有深刻的主题记忆。在换乘通道中，通过对导视牌的颜色使用，或是在连接通道设置具有主题的艺术墙面，增强视觉和路径引导。对整体的空间而言，也可通过对灵感元素进行抽象提取，结合贯穿在地铁空间的顶棚设计，进行造型主题呈现的同时也进一步强化空间路径引导，从而彰显线路的主题和概念。

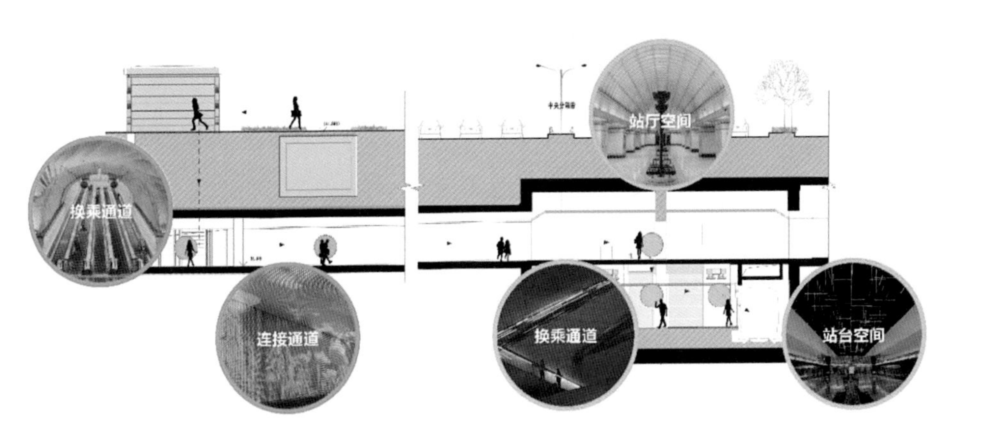

空间属性分析图

深圳地铁十六号线总体线路概念

深圳十六号线是一条具有深厚客家文化传统底蕴的线路，沿途呈点状分布三分之一以上的深圳客家老宅，是传统城市文化留存的印记。沿线的代表性区域包括龙岗区和坪山区，周边有大量的方形客家围屋。依托于十六号线所处的历史背景、地理文化和未来规划，项目将“阳光＋家”的客家元素转化到地铁的室内设计中。

现存客家围屋图片 1（源自深圳地铁十六号线线路总体概念研究方案）

围龙屋，是客家文化的重要精神象征，是“家”的具象体现。设计团队在地铁标准化设置的前提下，以客家文化的元素贯穿沿线站点整体室内设计。研究方案将抽象的“阳光”概念转化为体现文化理念的设计手法，结合围龙屋的空间印象，让整个系统呈现整体复合文化主题设计。在具体的造型设计上，方案提取围龙屋的个体元素和空间规划特征，将围龙屋的“屋顶”进行提取演变，从而作为标准模块的产出，在站点区域中进行围合和阵列设计，使其成为彰显整条地铁线路的共性特征，串联起整条线路网络。

现存客家围屋图片 2（源自深圳地铁十六号线线路总体概念研究方案）

研究方案提取围龙屋的建筑肌理元素，将其作为设计语言进行简化抽象。方案将地铁站视为一个围龙屋围合的“天井”。区别于围合封闭的地下空间印象，方案设想的天井式的地铁空间，在阳光的笼罩下可见斑驳的榕树树影。阳光和家的概念通过造型转化，贯穿于地面的地铁站点到地下的地铁空间设计。塑造线路整体的主题功能复合的同时，通过造形艺术，回应深圳当地的客家文化，展示地铁空间的个性化特色设计。

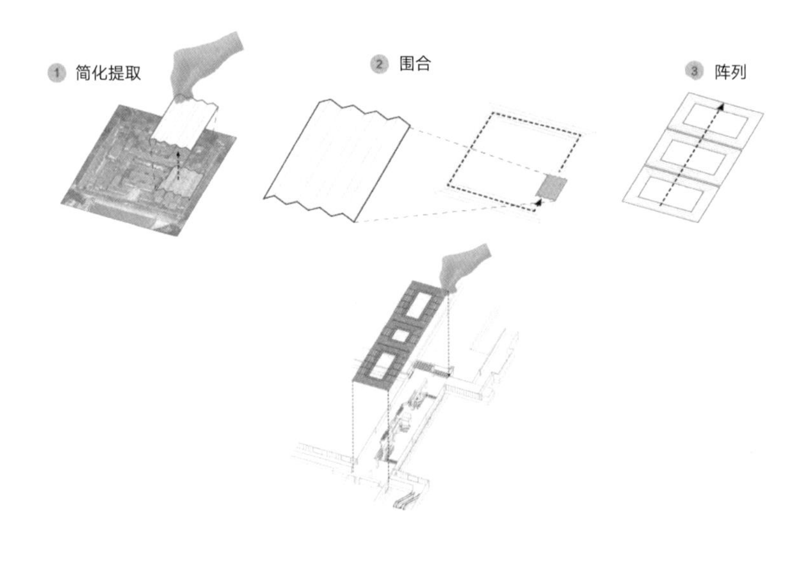

设计模块产出图

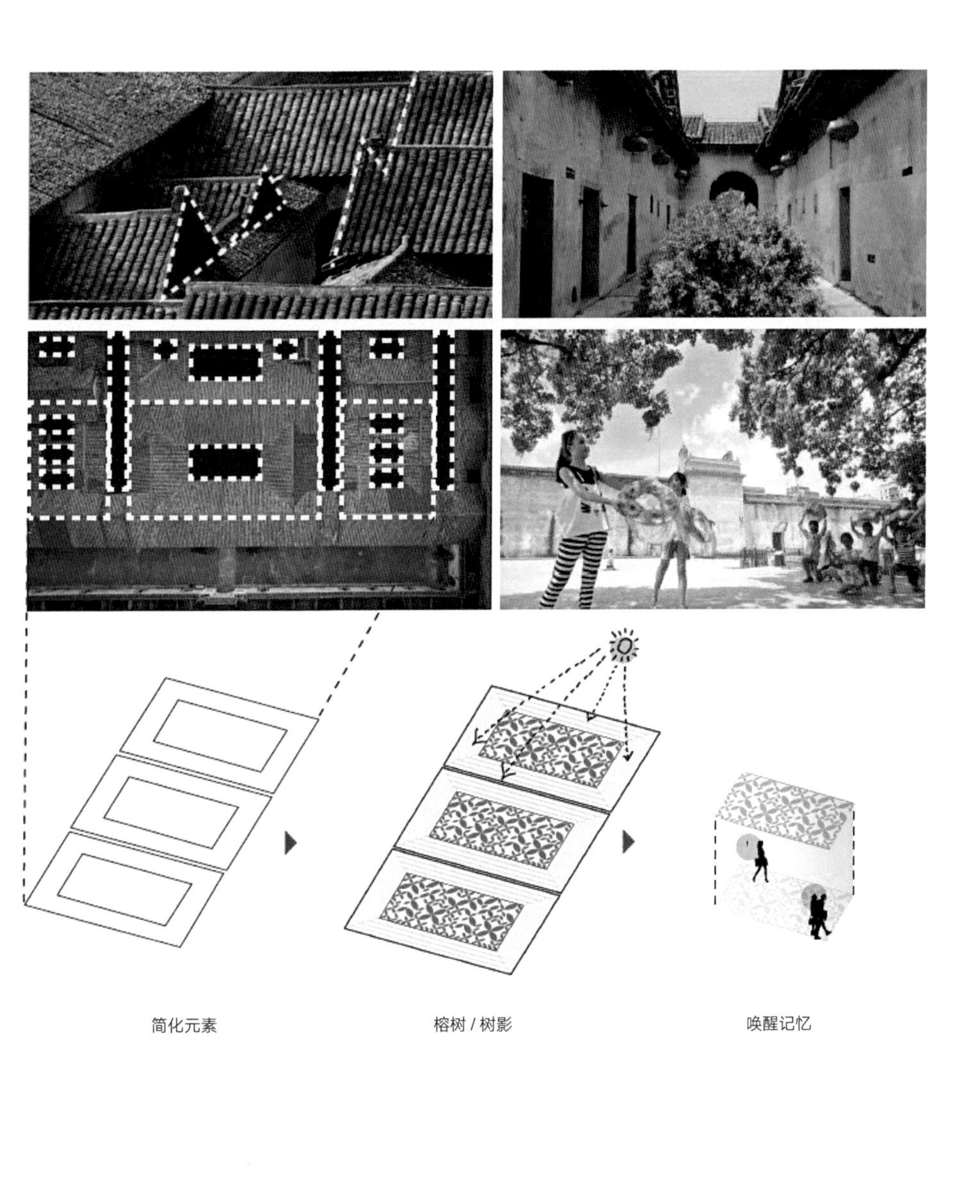

建筑元素转译图

地面建筑站点一体化

地铁站点的地上建筑由地铁出入口、设备区、人行疏散区、绿化带及非动车停车区组成的公共性质地标。地铁站的整体设计与周边建筑相适应，考虑周围环境因素，综合设计形成文化艺术站点的一体化。作为全线标准站出入口的设计，研究方案提取围龙屋“家”的建筑元素，与自然景观和艺术装置进行结合。根据人流以及人流的疏散进行开口设计。在此基础上，结合日照分析进行屋顶的开合，阳光的照射会随着时间的变化而变动，以不规则的开口设计形式顺应阳光的自然变化。

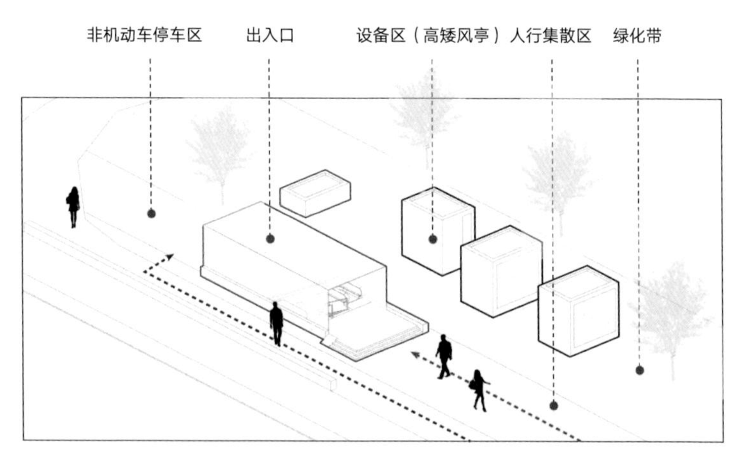

地上空间组合分析图

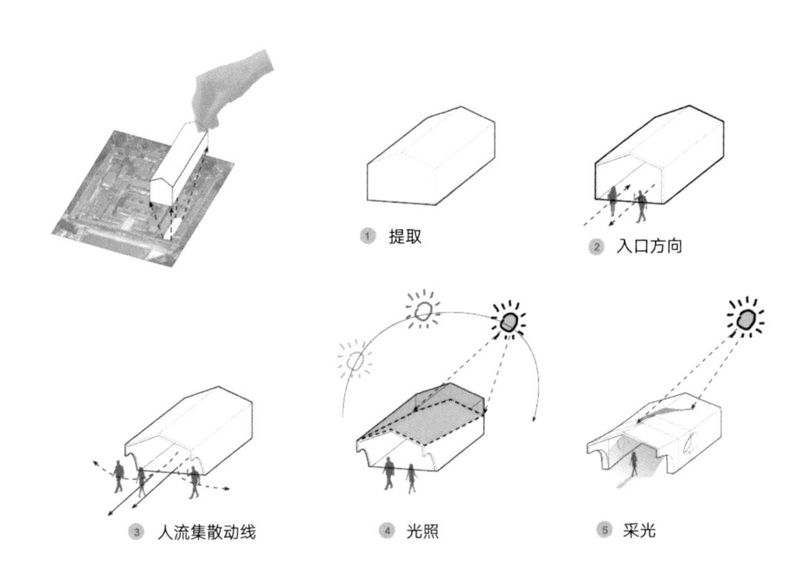

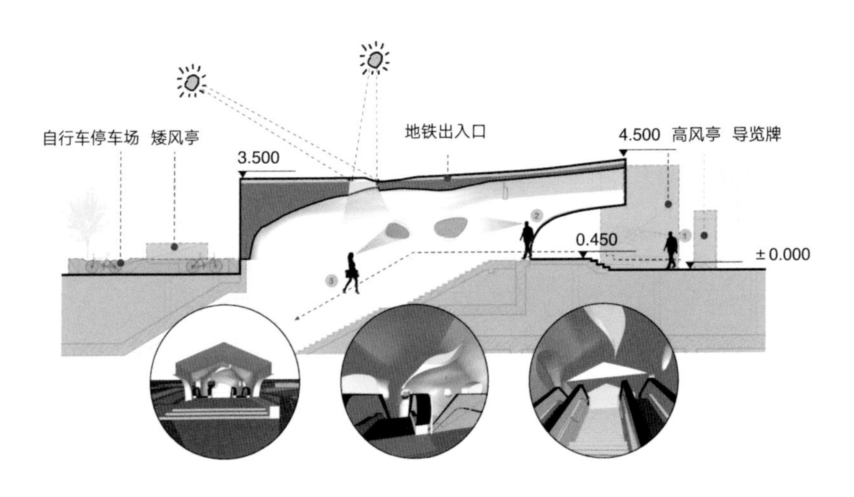

设计语言提取图 1

设计语言提取图 2

人们在乘坐扶梯进出站点时，随着视线的高低起伏能看到室外的不同环境。基于视线的分析，设计在建筑造型两侧进行开窗形式的设计。确保空间有一定通透性的同时，方案得以将自然光作为一种可持续的设计元素。阳光从户外引入地铁室内空间，使“阳光”和围龙屋之“家”的主题转化为地铁空间的温暖场所体验。

回龙埔出入口效果图 1

回龙埔出入口效果图 2

区别单纯意义上的绿化，设计通过景观艺术化的主题设计，将地铁站点空间的主题与周边环境整体结合。方案运用几何切割的设计手法呈现建筑特点，将建筑周边景观进行立体设计，强调站点个性化的同时，让地面建筑成为周围环境的有机组成部分。同时，基于人性化的设计考虑，方案在绿化周边植入公共座椅、导视牌和艺术装置等设施，更好地完善站点周边公共空间的建设。

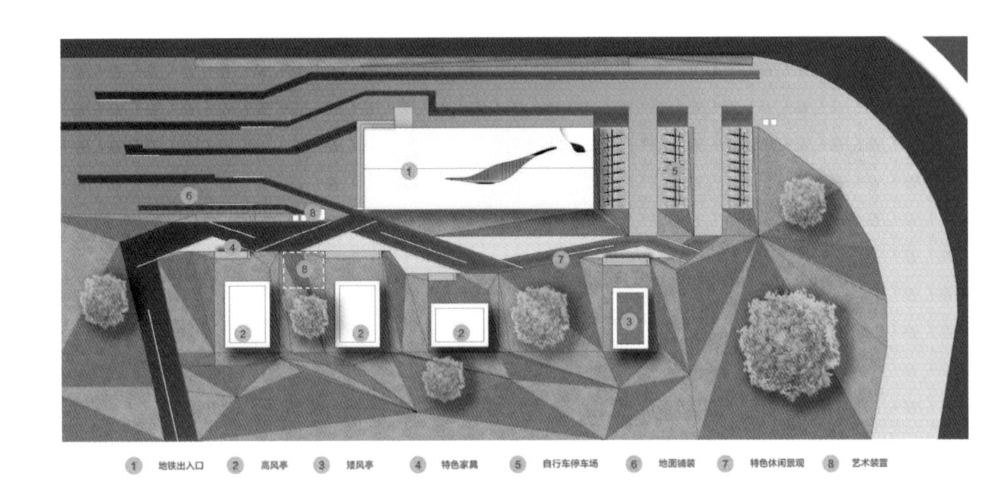

景观一体化平面图

在全线的标准站出入口附近，设计结合站点的特性，将周边的设备区（高矮风亭）进行艺术化处理设计，对人行疏散区的地面铺砖也进行设计处理，使之成为标准站出入口的艺术地标形象。在标准出入口的设计引导策略下，重点站出入口的设计区别在于通过公共艺术品的设计和使用彰显站点特色。

地上建筑一体化日景图

地上建筑一体化夜景图

地铁标准站空间 —— 深圳回龙埔站设计方案

以回龙埔站作为全线标准站的典型案例，方案将围龙屋之“家”的主题由地上建筑延伸至地铁室内空间设计。以“影”塑“形”，站厅空间将榕树的形象进行抽象化处理，作为设计元素，隐喻着的榕树

回龙埔站厅内部效果图 1

树影由地上的“天井”经阳光渗透到地下空间，塑造出整体延续的环境氛围和空间造形。形象化的设计主题，彰显地铁站点个性化特征，为乘客呈现有温度、有阳光、有互动的交通空间氛围体验。

榕树树影作为站厅空间吊顶设计的元素，运用于站内空间地面铺砖的艺术化设计中。在换乘通道，团队对导视牌进行颜色处理，同时在连接通道设置主题化的艺术墙面，共同增强引导空间路径的功能作

回龙埔站厅内部效果图 2

用。在站台空间中，通过公共座椅的个性化设计和艺术装置陈设，让乘客对站点有更深刻的整体主题记忆。

回龙埔站厅内部效果图 3

CB

进站检票

回龙埔站内换乘通道效果图 1

回龙埔站内换乘通道效果图 2

回龙埔站台效果图 1

回龙埔站台效果图 2

↑ 出
← 出 D

艺术地标重点站 —— 深圳地铁双龙站设计方案

双龙站是深圳地铁三号线与十六号线的换乘站。该车站位于山深线和深汕线交汇处龙岗立交的西侧，因同时靠近龙岗街道和龙城街道而得名。站点周边有龙园与鹤湖新居两个历史文化建筑。龙园是一座以龙文化为主题的园林式公园，园内设有许多龙形态雕塑与景观造型。园内建筑通过屋面造型与廊道的蜿蜒曲折，一同表现古人对龙的想象和憧憬，体现龙在传统文化中的重要地位。而鹤湖新居是我国目前规模最大的客家民居建筑群，整个建筑呈“回”字形围合，由内外两围相套而成。内部保存唯一完整的海镜窗。基于场地环境，研究方案以“游龙栖榕，岁月画屏”为双龙站的设计主题概念。围绕该主题，方案将站点周边的文化元素进行抽取，对游龙的形态轮廓进行造型设计，提炼出律动的曲线造型与龙鳞阵列的图案元素，结合鹤湖新居海镜窗

双龙站站点周边概述图

的图案元素进行图案元素的重组，再将榕树的开枝散叶的形态置入于空间造型之中，呼应全线的整体主题概念。

双龙站的空间设计重点在于两个核心筒的处理。原建筑两层核心筒的关系相互独立，且只有采光功能，设计并未考虑空间的装饰性。核心筒位置在整个双龙展厅的交通流线枢纽，空间尚不具备良好的导视性，造成人们在换乘过程中难以找到目的地的方向。设计过程中，设计团队首先将两层核心筒进行连接，统一两层空间之后，以建筑整体为单位，对其造型进行扭转，以附和“游龙”的形态。考虑到二层空间的扶手高度与两层空间的整体高度对采光程度的影响，设计在立面上进行相应的形态抽离。接着将龙鳞与海镜窗的形态抽象阵列于核心筒内壁上，结合光线打造阳光倾洒于龙鳞上的既视感。

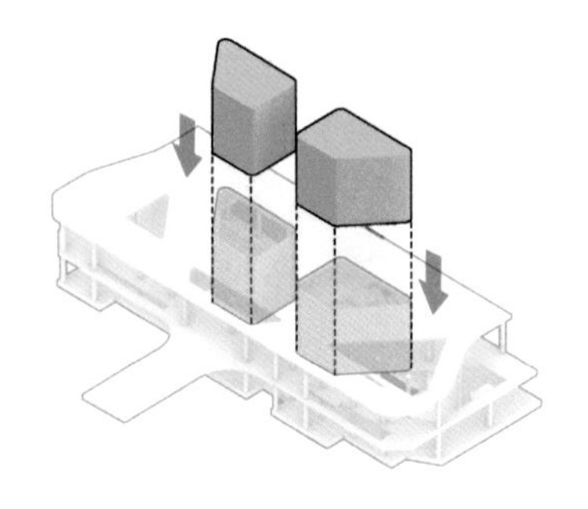

1 置入

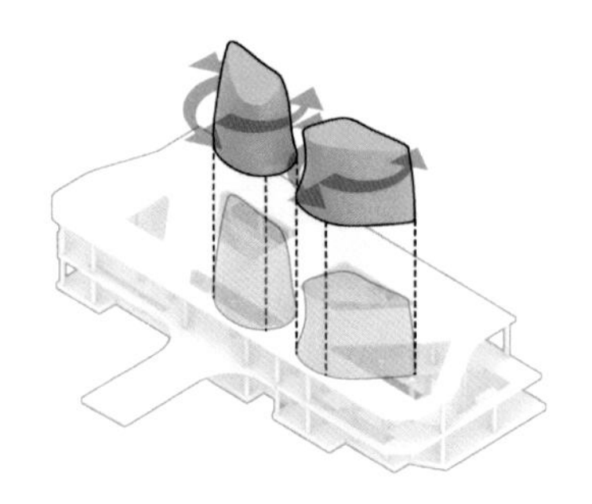

2 扭转

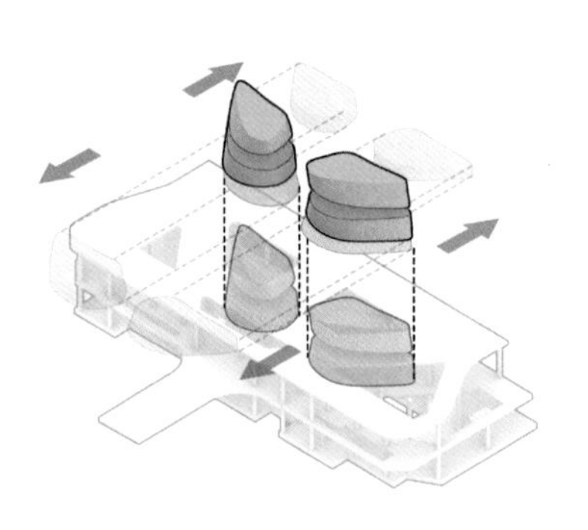

3 抽窗

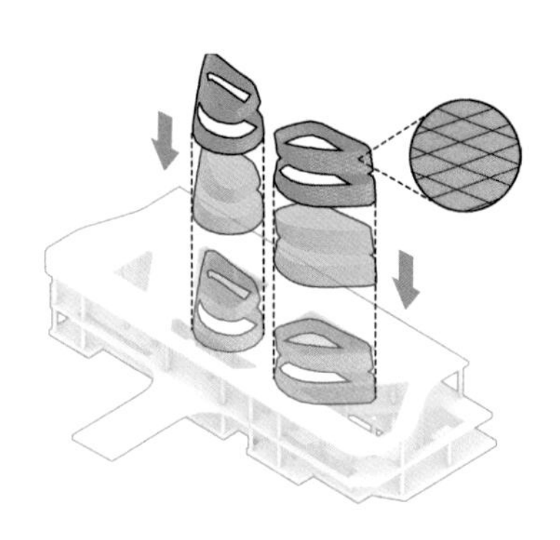

4 赋予

双龙站形态演变分析图

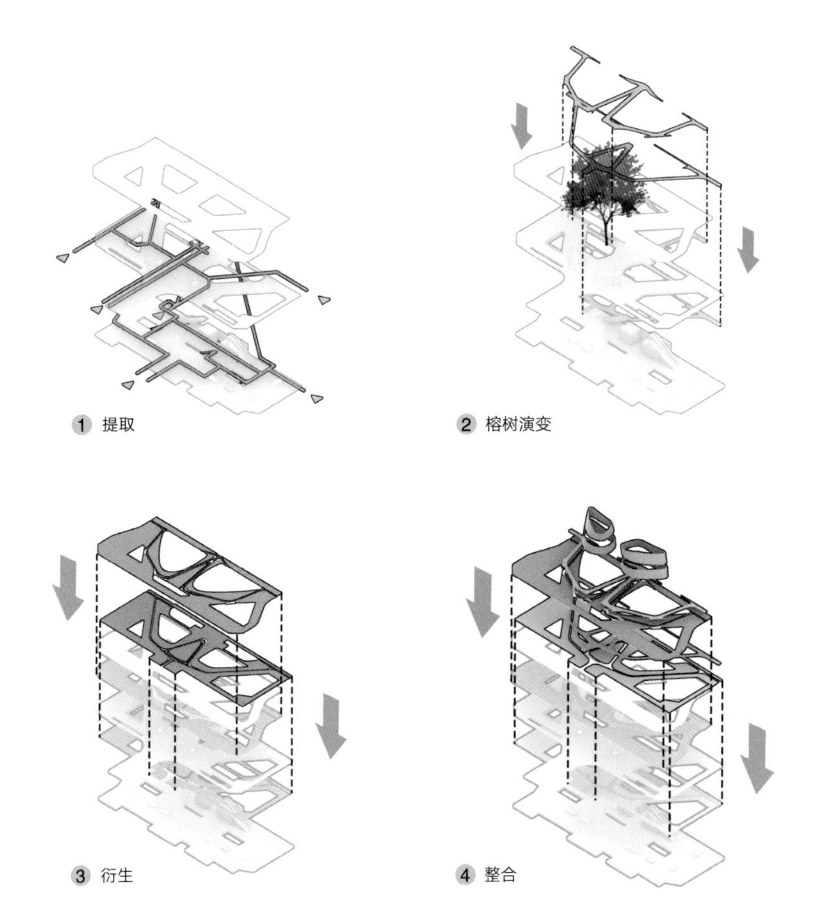
1 提取
2 榕树演变
3 衍生
4 整合

双龙站站厅空间效果图 1

在整体站厅空间的处理中，设计对空间的整体流线进行整合与重组，将主要流线与出入口位置进行连接。同时，基于原有建筑体的天窗位置，对顶棚造型进行平面划分，以连贯的长条曲线造型，结合灯

双龙站站厅空间效果图 2

带照明，串联整体站厅空间的顶棚设计。丰富空间造型的同时，更能引导空间流线。顶棚的设计与核心筒形态相呼应，打造一个同时具备空间导向，又具有双龙形态特色的地铁站厅特色空间。

在材料选择上，核心筒内部的龙鳞造型使用 3D 数码打印铝，保证鳞片搭接的精确度，而且还原阳光投射在鳞片的光泽感。核心筒周边以深灰色铝板包裹，夹着 LED 灯带处理。核心筒两端的收口设计向

双龙站站厅空间效果图 3

顶棚区域过渡，使得站厅空间更显现代感与科技感。站厅空间保留原有天窗开洞，其他顶棚区域采用开启式穿孔铝板，方便工作人员维修更换的同时，也能保证空间的透空率。

双龙站站厅空间效果图 4

双龙站站厅空间效果图 5

双龙站站台空间效果图 1

双龙站站台空间效果图 2

艺术地标重点站——深圳地铁大运北站设计方案

大运北站是深圳十六号线第二座车站。车站为地下两层标准岛式车站，站内设置牵引降压变电所。大运北站周围毗邻香港中文大学（深圳），华中师范大学龙岗附属中学等学校。站点西侧是龙岗文化地标之一的大运中心，大运中心是第 26 届世界大学生夏季运动会的主场馆区，是深圳首个集赛事、演艺、会展、商业、文娱五大功能于一体的公众文体公园，其形象为三个水晶巨石，与大块水面相连，充分利用体育新城的自然环境与周围山体，绿地配合形成了独特的山水石结构，体现传统文化的现代语汇。

大运北站的方案设计以“晶耀大运，青春精彩”为主题概念。“晶耀大运”是对大运中心整体造型概念的延续。设计将大运中心的山水石结构进行进一步演化，生成晶体的造型。晶体的多面造型结合材料

大运北站站点周边概述图

自身的透光性，共同演绎设计的主题。而“青春精彩”不仅通过引入晶体的通透造型呈现，打造光线的穿透感的同时，也通过空间照明、室内色彩对比与材质对比来体现。

大运北站站点的特点在于其本身是一个无柱拱顶站。该站点的管线预留全部集中在两侧墙身，使得站厅中间拱顶高度离地能达到 7850 毫米。结合站点四个出入口的位置关系，方案得出贯穿站点的两端走向的空间流线关系。设计团队根据流线关系以及出入口的位置，将具有方向性的平面晶体裂谷造型置入站厅空间，将其纵向拉升与拱顶造型相交，去除相交部分，将最终得到的形态运用于拱顶上的裂谷造型之中。设计对白色顶棚部分进行模数化三角切分，再与裂谷的形态对应，以确保裂谷造型切分之后，每个转角造型的完整性。铝板造型更能实现方案的造型与保持干净。

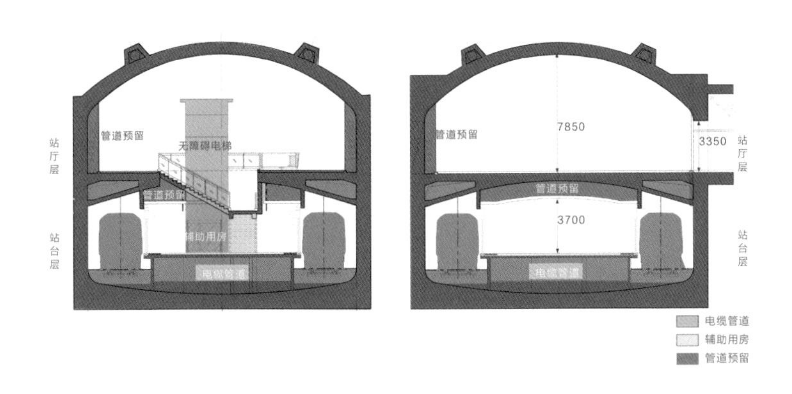

大运北站空间结构分析图

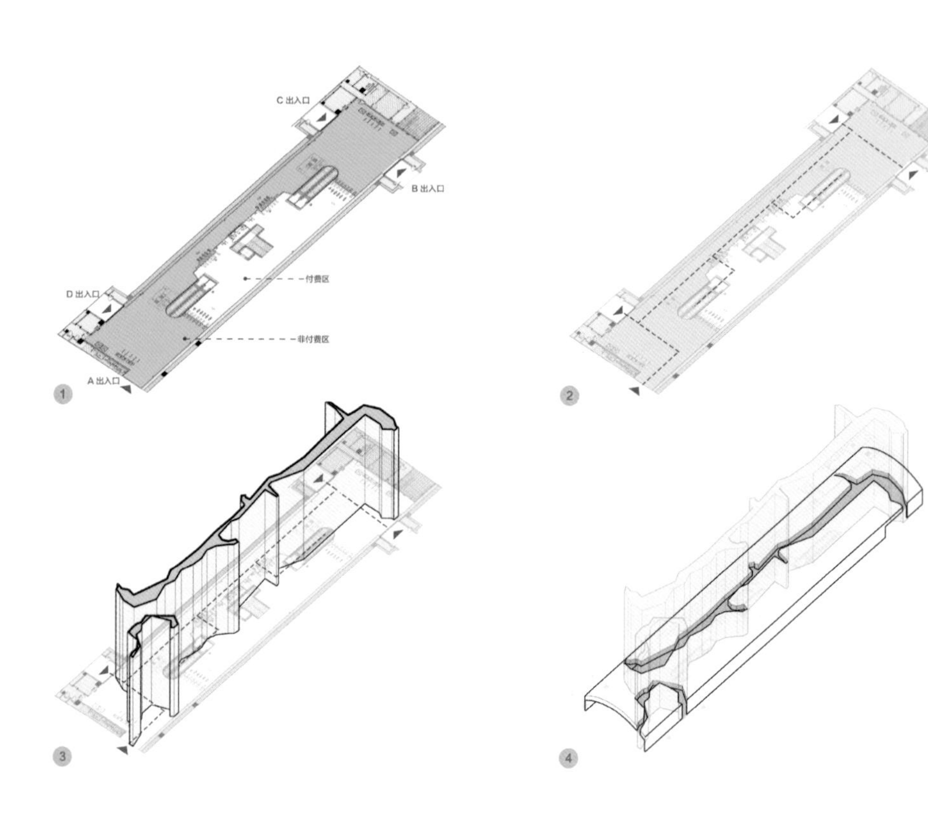

大运北站形态分析图 1

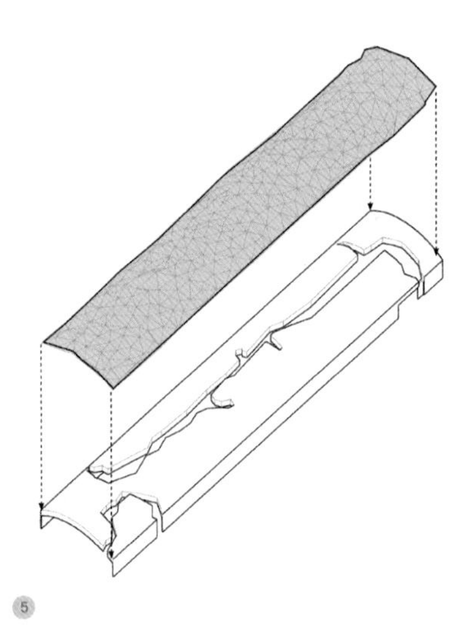
5

6

大运北站形态分析图 2

大运北站站厅效果图 1

大运北站站厅效果图 2

大运北站站厅效果图 3

设计在裂谷造型的内部，对整个拱顶进行不规则的三角形切分，并在纵向拉升脚点的 z 轴高度形成不规则的晶体造型。以裂谷造型切分之后，保留切割部分，对应站点的空间流线焦点，裂谷造型的三角部分改为发光部分，其余部分皆为有色穿孔铝板。综合设计处理使得整体造型进一步强化空间视觉效果，也使空间更具有导视性。

大运北站站台效果图

大运北站通道效果图

大运北站
Da Yun Bei station

艺术地标重点站 —— 深圳田头站设计方案

田头站是深圳十六号线的最后一个艺术地标站。站点位于兰田路与创景路交叉口。车站沿兰田路呈东西向分布，周边科技院校林立。“科技之美，皆源自然”是田头站的设计主题概念。在对科技与自然关系的主题处理上，方案落脚于星空、抽象与宇宙科学的主题范围。星空是自然生命的发生地，也是人们科学技术的起源。方案通过星际运动的形象进行元素提取，以规律性的向心轨迹进行内部空间造形，呈现灵动的曲线变化。

田头站站点周边概述

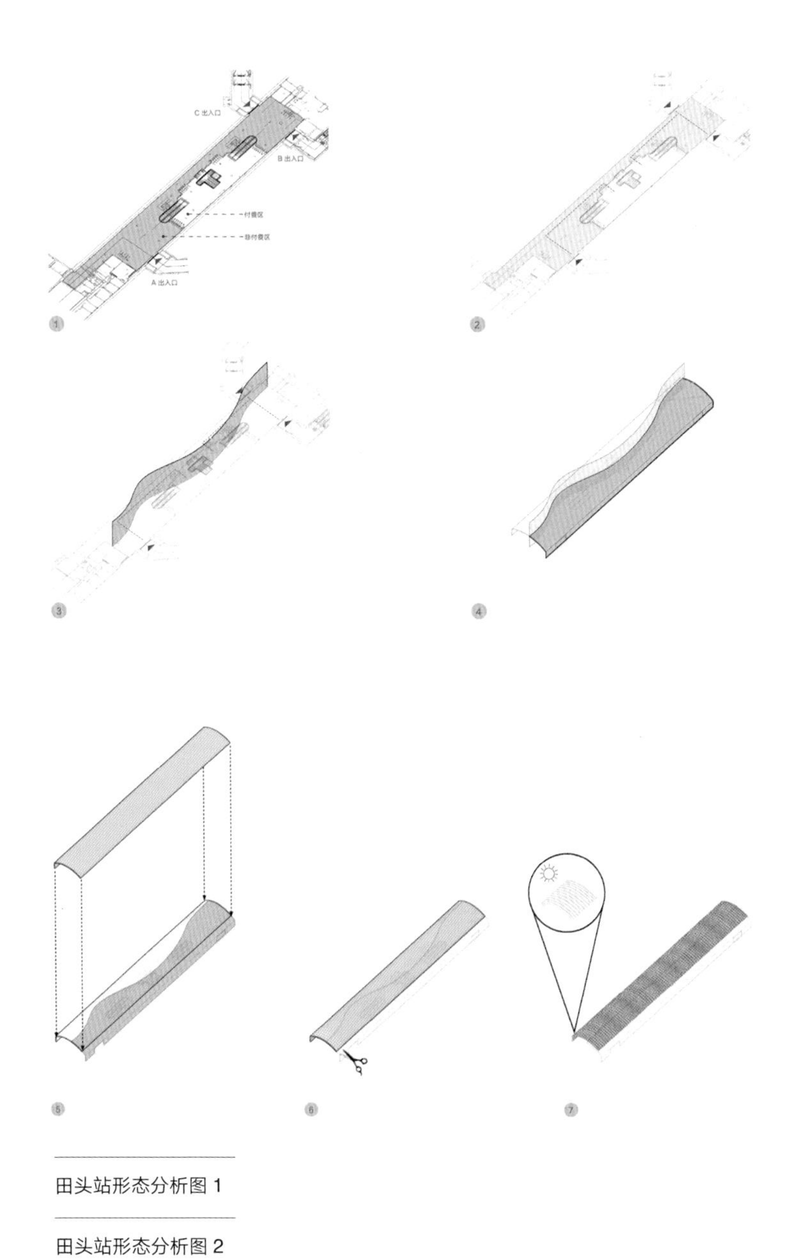

田头站形态分析图 1

田头站形态分析图 2

大运北站的站厅空间相同，田头站也是无柱拱顶站。管线沿两侧墙身设置，以确保中间拱顶区域的整洁效果。地面离顶棚的净高度为 7850 毫米。整个站厅空间高挑而干净。方案将站厅两端的三个出入口位置与流线列举，以一根贯穿站厅两端的曲线将站厅顶棚分为正负形两个部分，将右侧部分保留，左侧顶棚沿着裁剪部分进行横向切分。考虑到地铁站广告灯箱的标准尺寸，设计将造形横向切分为五组宽度不同的曲面，使得每组造形组合出的长度都能适应标准设备的长度。在每组造形之间均匀分布 LED 灯带，强化横向弧形造型的视觉效果，呼应星际运动的造型元素。空间另一侧的弧面则保持整面干净的造型，塑造空间中的对比效果。最后，设计将横向切分的弧面

田头站站厅效果图 1

造形搭接于整面造形之上，利用单侧的不对称造形的对比感，营造空间的科技主题效果。

在材料选择上，整体空间以白色铝板为主，强化空间内部的纯净造型。空间左侧横向弧面造型，整体使用白色烤瓷铝板。空间右侧的整面采用标准模数的冲孔白色铝板，保持弧面的完整性。在与右侧单元组的相接处，有横向分封与贴合曲面的灯条，随模数分布。白色为主基调的顶棚与墙身设计，配合灯光照明，与干净的灰色水磨石地面形成强烈对比，更能体现空间整体弧线的主题造形。

田头站站厅效果图 2

A DE F
CB

田头站通道效果图

田头站站台效果图

出 D
16

出
消火栓
110
灭火器

艺术地标重点站 —— 深圳新生站设计方案

新生站位于龙岗大道与新城路交叉口，沿龙岗大道南北向敷设。站点规划在 21 号线与 3 号线两侧进行交替设置，形成双岛式车站。新生站为地下 2 层双岛式车站，局部为地下 3 层。站台宽 14 米，3 号线站台长 120 米，21 号线站台长 186 米，车站设计总长度为 240 米，标准段宽 48.3 米。新生站以“低碳文化”为主题提出设计策略，以活力新生、激发城市活力为理念，进行综合站点设计。

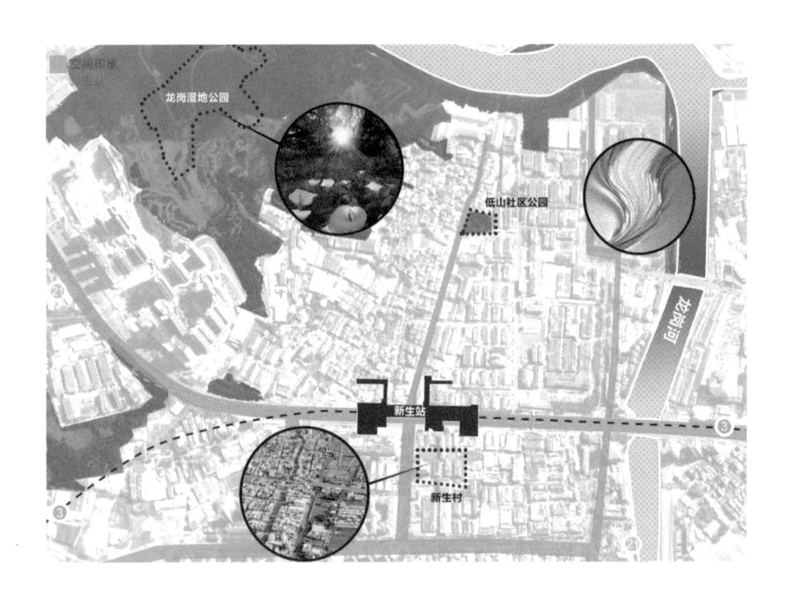

新生站周边概况分析图

新生站依附于客家文化的区域中，周边毗邻新生村以及一些有当地传统文化色彩的居民社区。站点附近有龙岗湿地公园、低山社区公园以及具有代表性的新生村。设计以“新生”为概念，串联起生活、城市及自然的造形符号，形成空间中的特色记忆点。设计从材料的运用、人的空间行为模式以及公共艺术介入的不同方式去诠释“低碳”主题。

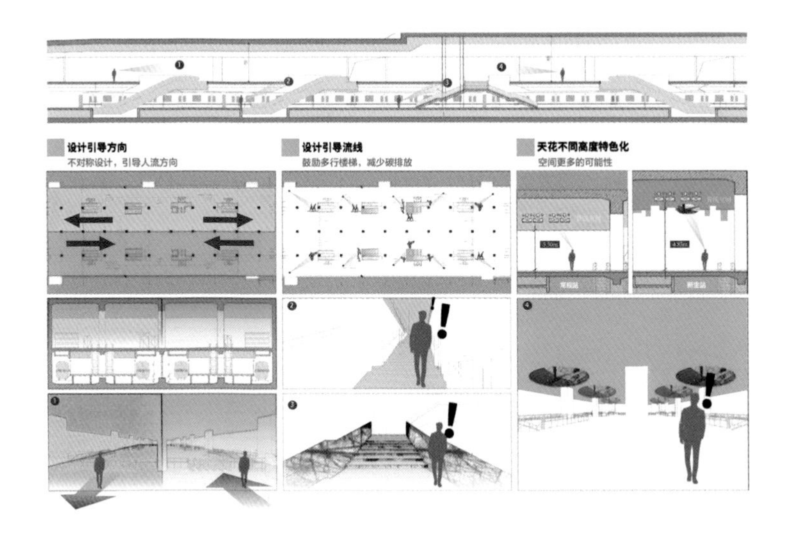

新生站空间结构分析图

“新生”，寓意在传统中注入新元素，在标准中寻求个性化，唤醒城市的新生活力。基于原有的建筑结构，对站点进行分析，以此推进空间改造设计。区别以往的地铁站，新生站的建筑面积庞大，属于广场式地铁站。通过对其出入站闸机的方向进行分析，发现空间开敞但缺少方向性，导致乘客容易迷路。方案选择在人流动线的出入口设

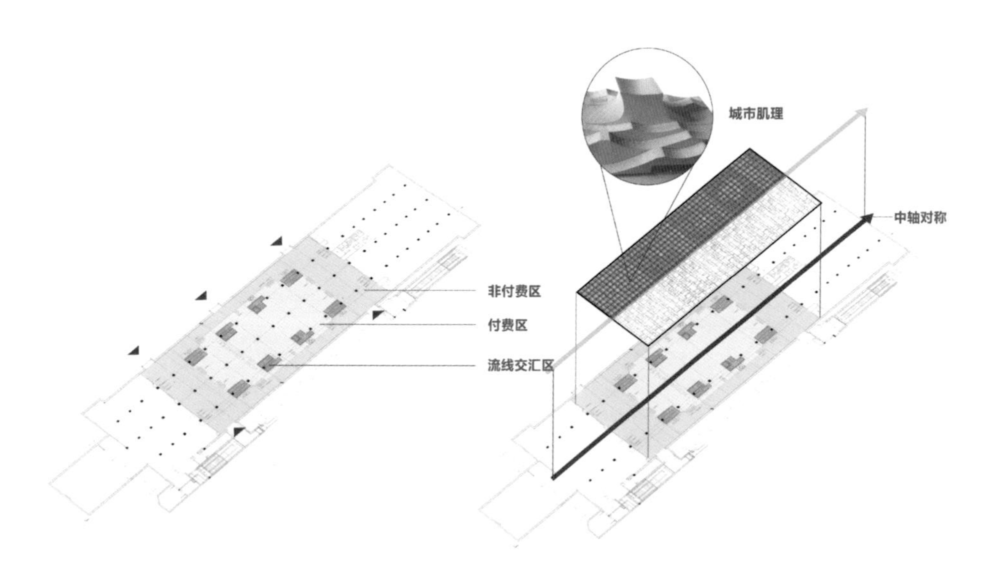

新生站形态分析图 1

置艺术化造型设计，对当地社区肌理进行可视化表达，将其转译为造形设计语言，以包容性的“圆形”落点在疏散口中。在建筑空间中，通过中轴对称，整个空间进行对称设计，明确方向感的同时，有效引导人行路径。室内吊顶的造型也以周边的社区肌理为灵感来源，塑造出站点空间氛围。

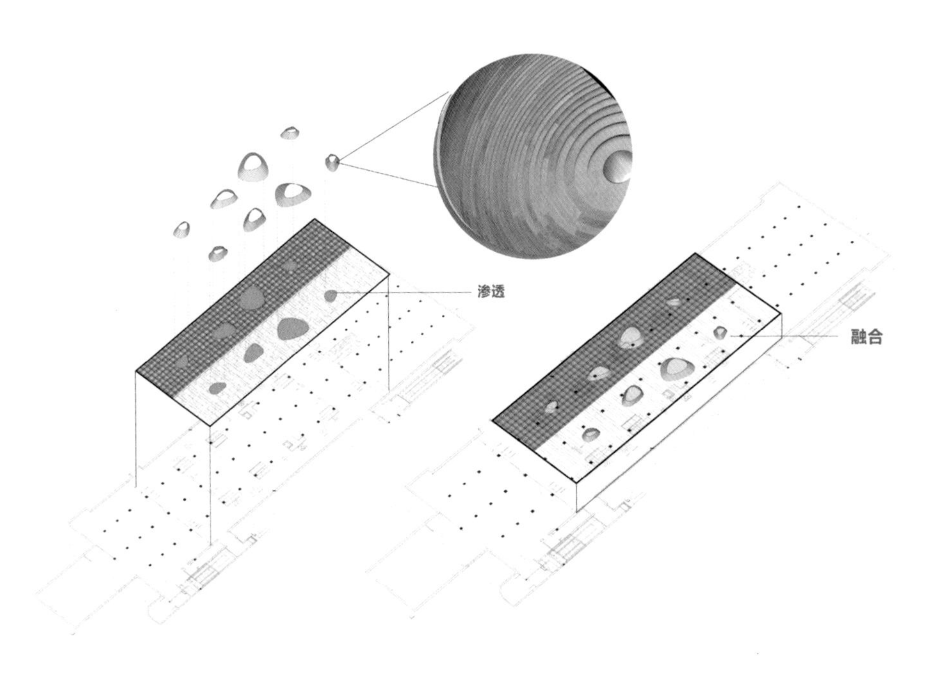

新生站形态分析图 2

新生站站厅效果图 1

新生站站厅效果图 2

乘客在进站的时候就能清楚明确方向性，通过地面的铺装，由深浅麻石将庞大的空间一分为二，相对应的顶棚也通过深浅的金属网进行空间划分。在将当地社区肌理进行提取运用到顶棚的同时，以新生的概念在顶棚中布局了艺术装置。在给乘客打造站点艺术印象的同时，也将地铁站更加特色化。

新生站站厅效果图 3

在“低碳”主题的策略下，设计思考不同的回应策略。方案在扶梯口顶棚增设艺术装置，以引起乘客的注意从而产生兴趣，鼓励在地铁中多沿阶梯穿行。在楼梯通道，地面设有艺术图标和效果投影，明确空间具有指引性的同时，也能使乘客感受到空间的趣味性。

将城市肌理投射到室内设计中，在顶棚反映出当地文化结合“新生”

新生站站台效果图 1

主题，塑造既有传统文化又有现代活力的设计效果。站台内部的顶棚延伸了站厅的设计元素，空间两侧也利用社区肌理元素的演变进行了有序排列。墙身以及柱身部分，设计运用明亮质感的材料，多以烤瓷铝板、金属网来凸显“低碳”主题。在颜色的搭配上，也以跳跃的色彩彰显空间的活跃，以此呼应“新生”的概念。

新生站站台效果图 2

主题场景营造 —— 西安地铁五号线室内设计

西安五号线一期工程，从和平村至纺织城火车站段，线路全长 25.359 千米，共设车站 21 座（其中 20 座地下站，1 座高架站）。线路走向自和平村向东沿昆明路至西二环东南方向，至劳动南路沿友谊路，至雁翔路东南方向，再由岳家寨、荣家寨一线过浐河，至终点站纺织城火车站。在西安地铁五号线的站点设计中，设计从“感知”的角度出发，对站点线路的地域文化意义进行造型上的诠释。团队将各个站点的在地文化特征，以抽象化、符号化的手法，融入地下空间，并将各自的设计元素以及包容创新的开放理念进行提取，从而塑造西安地铁五号线的站点形象。

秩序感知 —— 理工大曲江校区站设计方案

西安地铁五号线理工大曲江校区站地处西安市雁翔路和规七路丁字路口，四方为几所理工大学和研究院。设计依托于西安理工大学的环境背景，在满足地铁实际功能的基础下，以“逻辑”和“秩序”为主题切入设计。理工，是一个广大的领域，包含数学、物理、化学、天文、地理、生物及工程的各种运用与组合，是自然科学与工程技术的融合。设计对几何形体进行元素提取和转化，以逻辑衍生的方式得到站点几何化的空间造型，用模数化的设计符号回应逻辑秩序的理工意义。

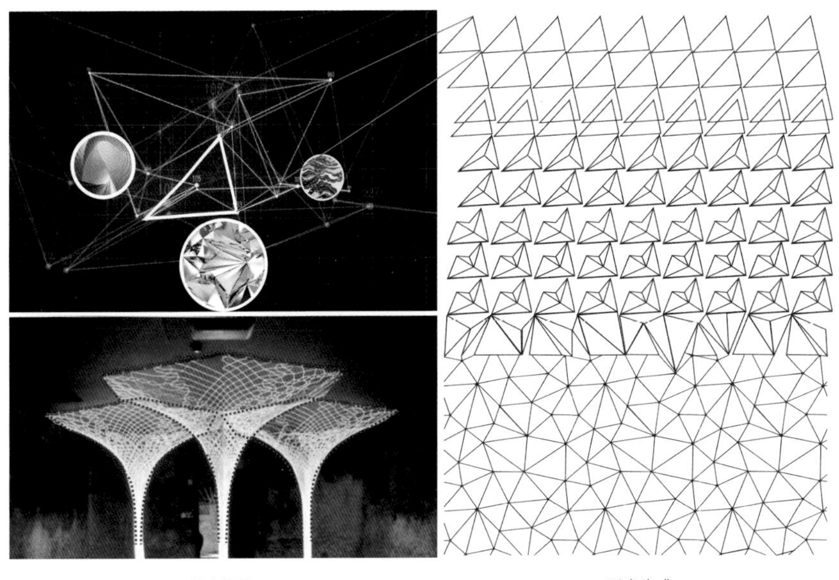

概念提取　　　　形态生成

理工大曲江校区站设计概念图

理工大曲江校区站模数化分析图

理工大曲江校区站站厅实景图

站内的特色造型会给地铁空间来不一样的氛围表现。设计提取了几何形体中的三角形作为基础元素，对三角形进行扭曲、变换、排列，形成了一组秩序排列的三角形矩阵。以此作为模块，再用镜像、阵列逻辑的处理手法，最终形成了几何抽象的顶棚组合造型。

理工大曲江校区站站台实景图

吊顶造型选用镜面不锈钢材质，同时用三角形灯光，强化吊顶设计造型的同时，强化秩序的感知，阵列的三角形元素从顶棚贯穿至墙面装饰，再到站点内的铺地图案，也保证了空间整体主题的呈现。

形态感知 —— 西窑头站设计方案

西窑头车站作为西安地铁五号线的标准站，设计上整体延续与五号线其他标准站统一的空间风格。但在细节处理上，通过结合站点环境的特定元素，形成独特的空间基调。西窑头站地处昆明路，附近是一组组圆形地块，为水处理厂。结合了周边的地域特色，借“水”的主题，项目参考水上层层涟漪、树影斑驳的形式，借此景象提取出“碧水微澜”作为概念进行空间形态设计。

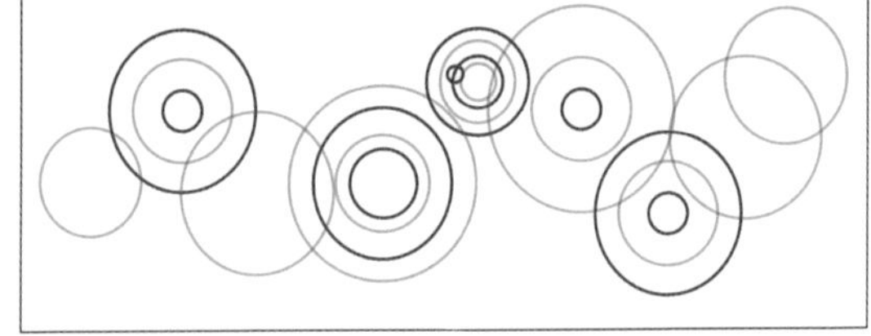

西窑头站设计概念图

概念提取

项目选取了乘客停留时间较长的连接站厅和站台层的垂直交通区域进行特色化处理。设计以“碧水”为灵感进行符号转译，提取出曲面、色彩，以“微澜”提取出圆形、排列形式，将曲面冲孔网组成的波纹形态装置用于天顶的设计，并延续到站内候车空间的柱子作为表皮装饰。铺地以水波纹的图案进行装饰，让整个空间的主题从地下候车层贯穿至地上出站层的平台区域。站厅空间整体呈现一体化的艺术效果。

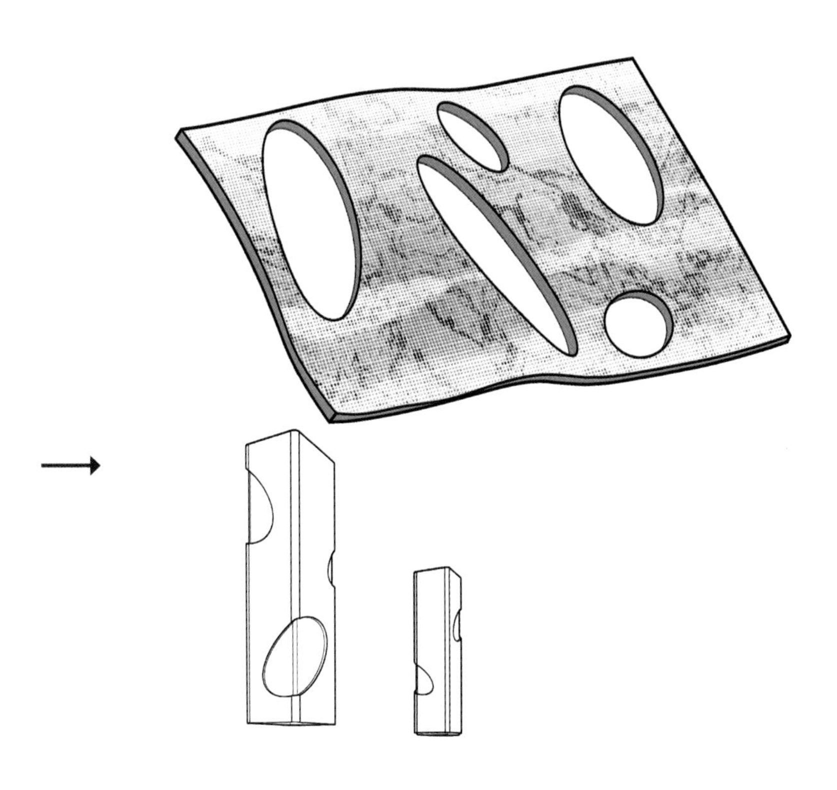

形态生成

西窑头站厅实景图

乘车
To Trains

西窑头站台实景图

西
窑
头

意境感知 —— 雁翔路站设计方案

雁翔路站位于雁翔路北，临近西安市景点乐游原。乐游原曾经是唐长安城的最高点，地势高平轩敞，遗址内种植着许多绿植花卉，景色宜人。唐代诗人李商隐曾写道，“未央树色春中见，长乐钟声月下闻。无那杨华起愁思，漫天飘落雪纷纷。”乐游原的主题意境成为此站点设计的灵感来源。项目提取诗意主题中树枝、花瓣的元素，将这

雁翔路站站厅实景图

些元素简化再构筑，并增添色彩和肌理，形成了吊顶的花瓣造型和柱子的树枝造型。同时，顶棚造型以一条围合折线区分出中间的“花瓣”区域。“花瓣”区的造型形象生动，灯光线条勾勒出花的外形。外围区域以简易的木色格栅作为铺垫。通过材质和颜色的对比产生空间分区，一虚一实、一繁一简相互衬托，营造沉浸式的视觉感知体验。

雁翔路站站台实景图

项目小结

在地铁标准化的站点空间以功能流线主导的设计基础上，设计思考如何对地铁空间进行主题化、特色化和标准站点下个性化的不同可能。在深圳十六号线的设计中，全线以“阳光”和“家”为主题背景，将传统围龙屋造型结构进行抽象表现，以“屋顶”的肌理作为设计语言，贯穿全线标准站的共性区域。各个不同站点再根据其所对应的周边环境，进行元素提取，体现不同站点的特色化主题诠释。对于重点站和主题特色站，设计以周边的特殊历史文化景点或者文化地标作为切入点，进行空间意义上的感知塑造，从造型、功能和材料表现上都呈现整体化的个性与特征。在西安地铁五号线的室内设计中，团队在标准站的地铁空间内，结合站点临近的在地特色，对不同站点进行个性化的设计探索，提取相应的灵感元素，转译成空间概念，融入站点的特色设计中。以上的项目案例都是团队对于地铁空间设计的一系列探索尝试，希望在标准化的设计语言下，地铁站点能成为一种城市名片，呈现城市的物质形态特色、历史文脉肌理和多元艺术主题。地铁站点空间的设计，在形成地铁时间和空间功能意义上的交通感知之外，也在场景营造和空间主题中展现信息、文化、地域内涵的感知。“感知”既是设计概念的出发点，也成为乘客体验和了解不同地铁空间的方式。

广州市某办公空间设计

形态意境构造

项目名称丨广州市某办公空间设计

设计团队丨许牧川、李晓峰、蔡敏希、李均杰

设计时间丨 2020 年 3 月

项目阶段丨完工

项目地点丨广东，广州

项目面积丨约 550 平方米

项目坐落于广州好世界广场，大厦从上到下分别为写字楼、商场和停车场，如今改造成一间建筑设计办公室。设计旨在为业主营造一个现代、人文、精致的办公社交空间氛围。结合场地现有的功能配置及规划，项目依据业主在办公室中的不同功能需求，规划了项目小组区域、小组讨论区域、会议区、活动区及水吧区等。从室内走向室外，是一片开阔的户外露台且能依稀望见白云山。本着自然、开放的理念，希望能贴合环境本身，成为自然的延伸，使室内空间于户外环境创造出新的场地关系，为实现将自然景观引入室内空间的想法，通过设计，在室内空间进行“造山”。

夜间效果

自然生形

方案通过在办公空间中“造形”来呈现办公空间的功能和体验诉求。从与业主沟通的过程中得知，开放办公区以 4~6 人的小组模式进行规划，设计因此需要兼顾小组分区的独立性和整体办公区域的开放性。在多数的办公室设计中，为了节省空间，常常采用屏风式隔断。这样既不利于员工之间的沟通合作，也不利于通风采光。反之，大开敞的开放式办公布置则缺少了独立性，也不是全然理想的办公空间形式。方案借山的造型，优化传统开放式办公布置，使其符合多人办公的开放式工作环境需求。

改造前现场照片

本次项目改造需要对办公空间进行合理的功能和布局规划，呈现开放、有序的办公环境。同时，结合对场地关系的理解，希望通过设计将自然景观的体验引入室内空间。

设计尝试以对“山体”的认知作为基础，加上此时此景的“感知”进行提取和优化，转译成设计语言传达给体验者。项目在推敲空间形式的过程中，想要寻找一种贴近自然语言的元素形态，进行空间上的转译。抽象的几何形体往往呈现高度几何化的形态，在本案例中未必是最理想的参考形式。项目于是决定以泰森多边形作为设计上平面分形的基础。泰森多边形是一种有机的分形几何结构，是自然界中许多形态和肌理概括的规律依据。泰森多边形作为一种分割形态，由离散点来控制，分割出的空间数量对应离散点的数量，空间大小也由离散点的分布决定。

项目首先根据开放办公区内的小组范围确定离散点的数量。项目在平面上定义了作为开放办公区的区域，随后通过参数化软件在开放办公区域中随机生成离散点，生成的相邻离散点通过相互连接生成相邻三角形，最后通过连接相邻三角形的外接圆圆心构建出泰森多边形。通过这种方式营造出来的形态是自然的、有机的、唯一的，这种“细胞”状的形态不但具有向心性，而且彼此贴近，可以满足开放办公下的小组模式规划的功能需求。

右

泰森多边形形态生成示意图

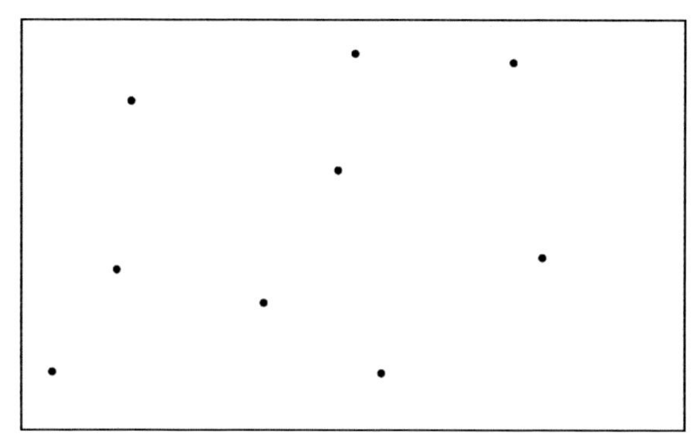

① 生成离散点

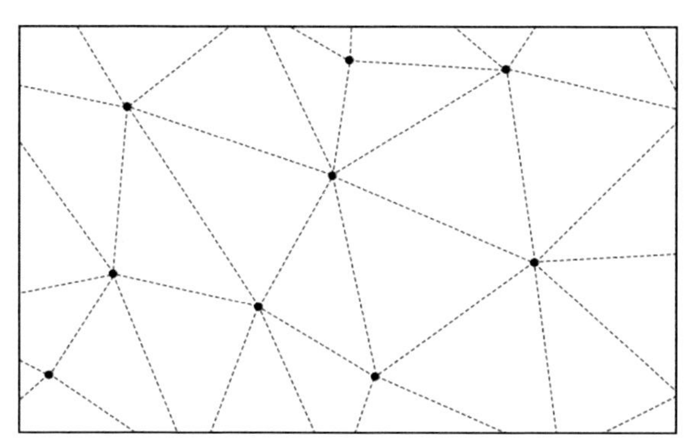

② 相邻离散点连接，生成相邻三角形

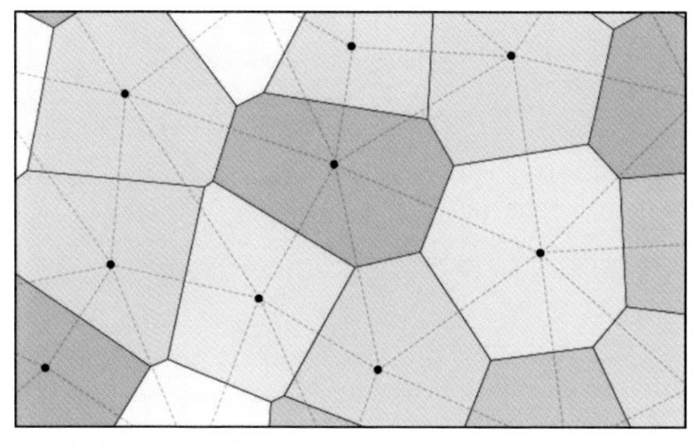

③ 连接相邻三角形的外接圆圆心，得到泰森多边形

平面区域上生成泰森多边形后，利用泰森多边形结构线垂直拉伸，得到围合隔断的形态。为了达到在室内“造山”的效果，项目在同一区域下生成了另一组泰森多边形，以同样的方式设定了最高点和最低点的数值区间，使峰尖在这区间内随机调整高度，再由泰森多边形框架与峰尖生成曲面，以得到相对自然的山峰形态。在此基础上，将第一组分割平面布局的泰森多边形和第二组构造山体形态的泰森多

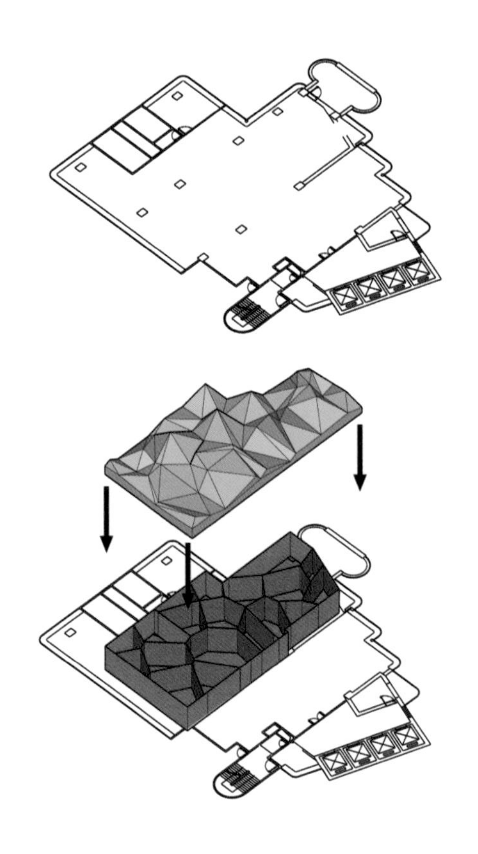

空间形态生成

边形叠合相切，经过反复实验后，最终得到了一个连绵起伏的山体隔断。当然，这样生成出来的形体是粗糙的，需要进一步打磨以贴合实际。设计把办公区内公共通道的位置切割掉，同时对应每一个多边形设置一个开口，保证使用者能自由穿梭在山体形态的公共空间中。

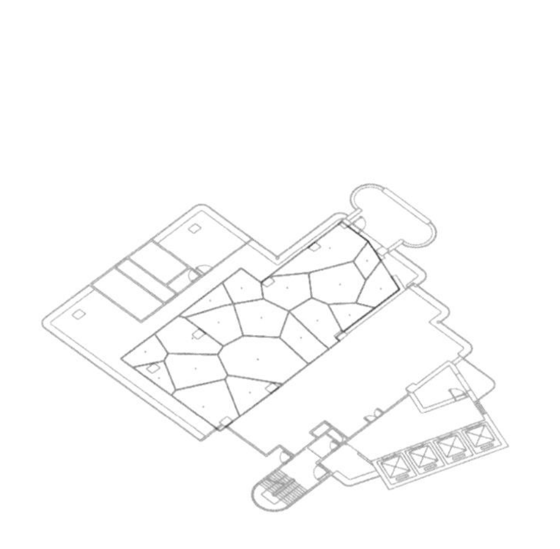

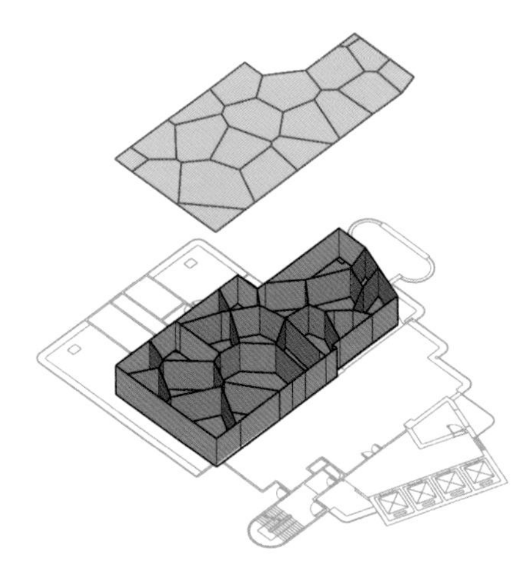

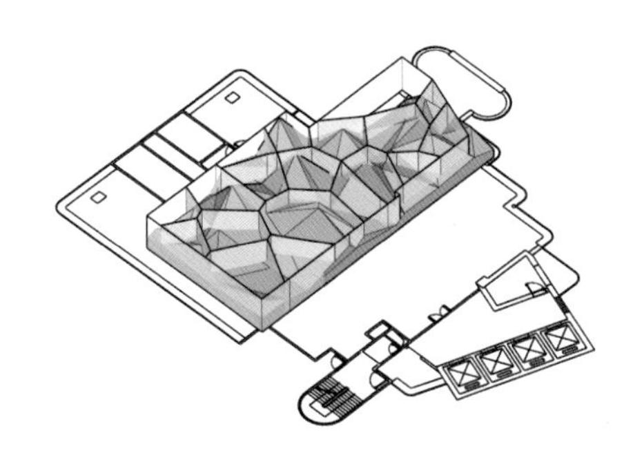

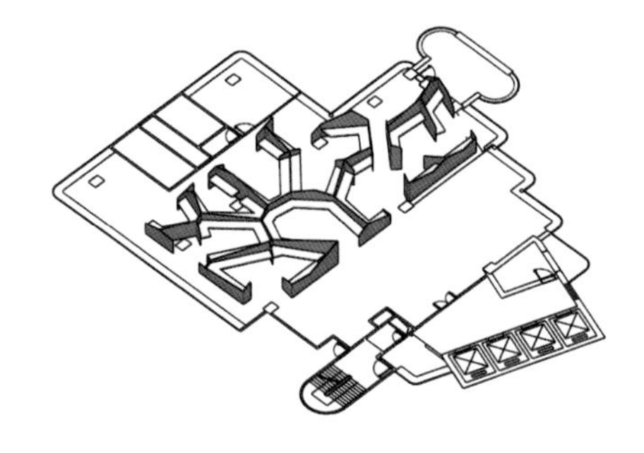

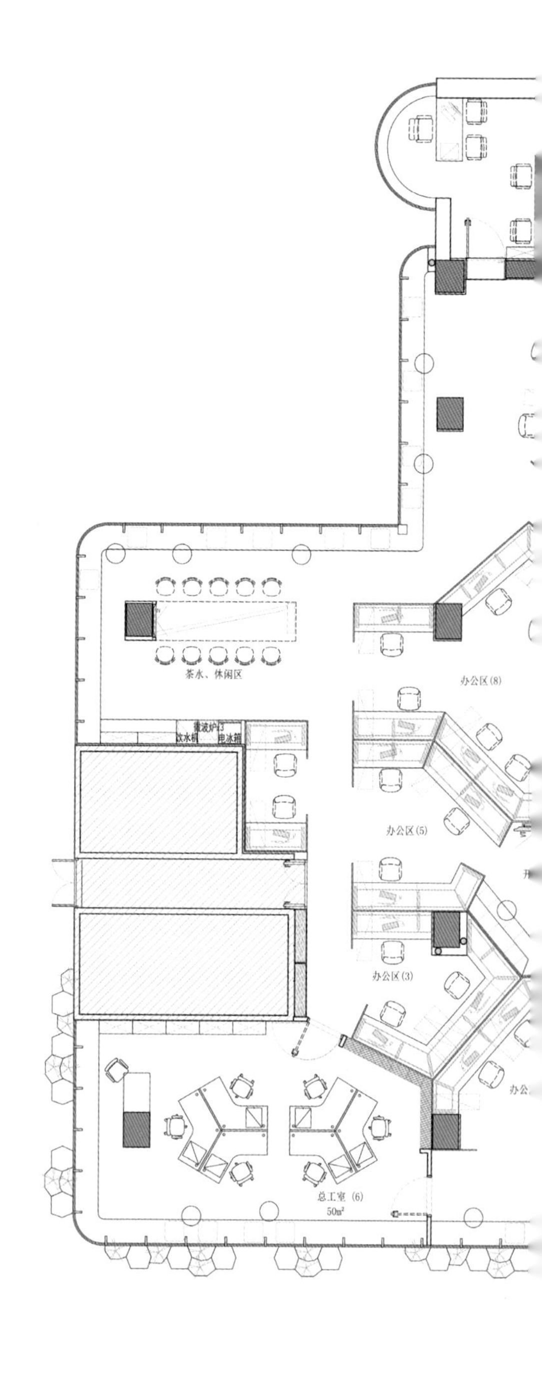

平面布置图

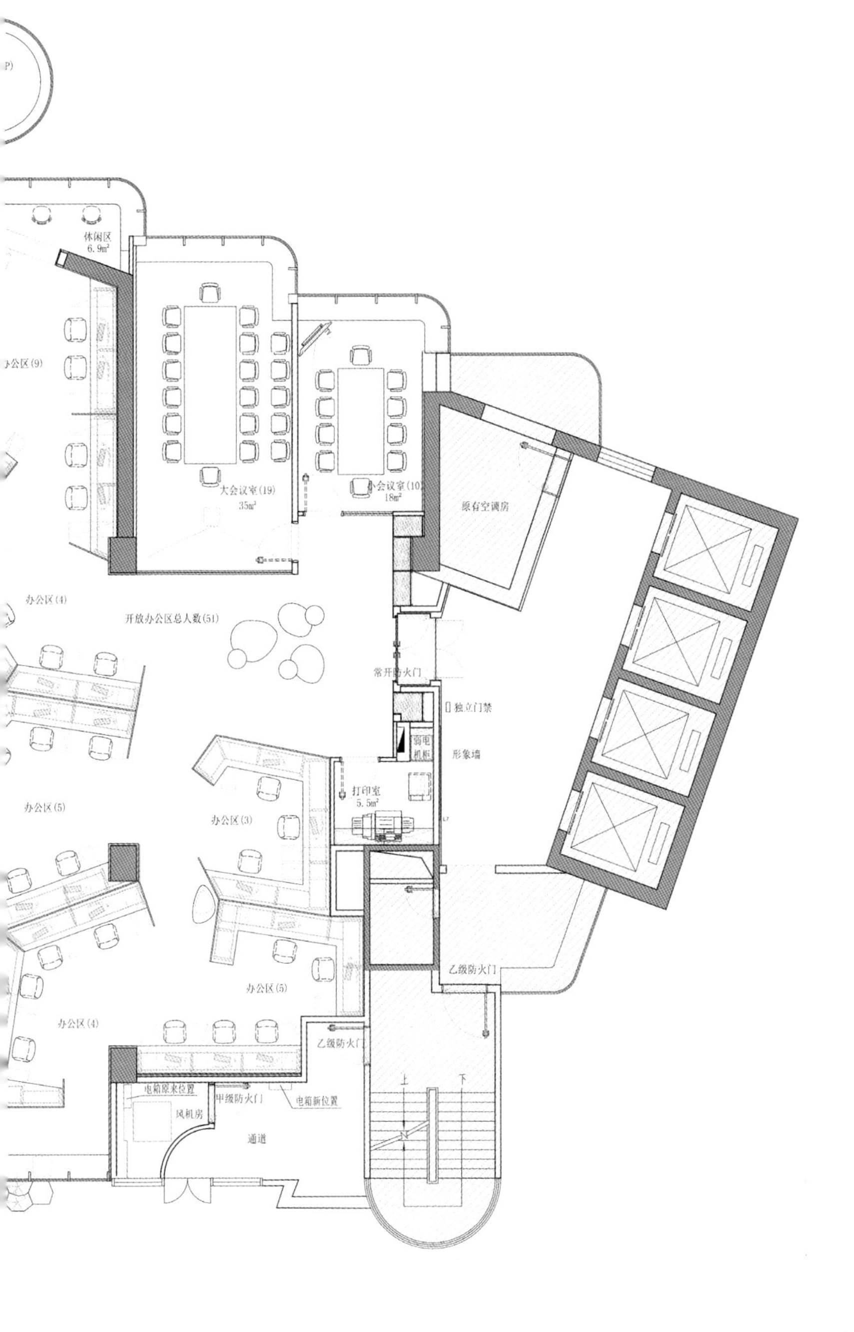

休闲区
6.9㎡
办公区(9)
大会议室(19)
35㎡
小会议室(10)
18㎡
原有空调房
办公区(4)
开放办公区总人数(51)
常开防火门
独立门禁
弱电机柜
形象墙
打印室
5.5㎡
办公区(5)
办公区(3)
乙级防火门
办公区(5)
办公区(4)
乙级防火门
电箱原来位置
甲级防火门
电箱新位置
风机房
通道
上
下

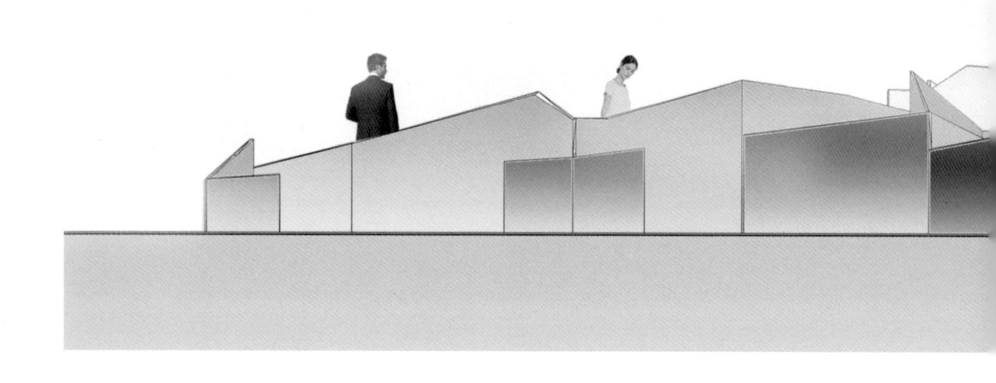

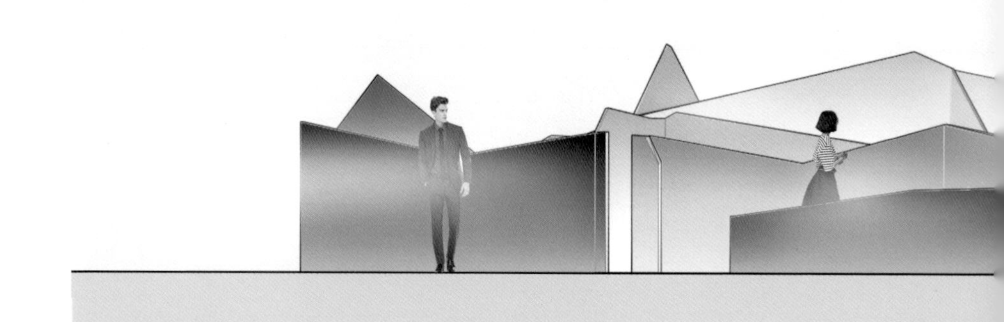

立面效果 1

立面效果 2

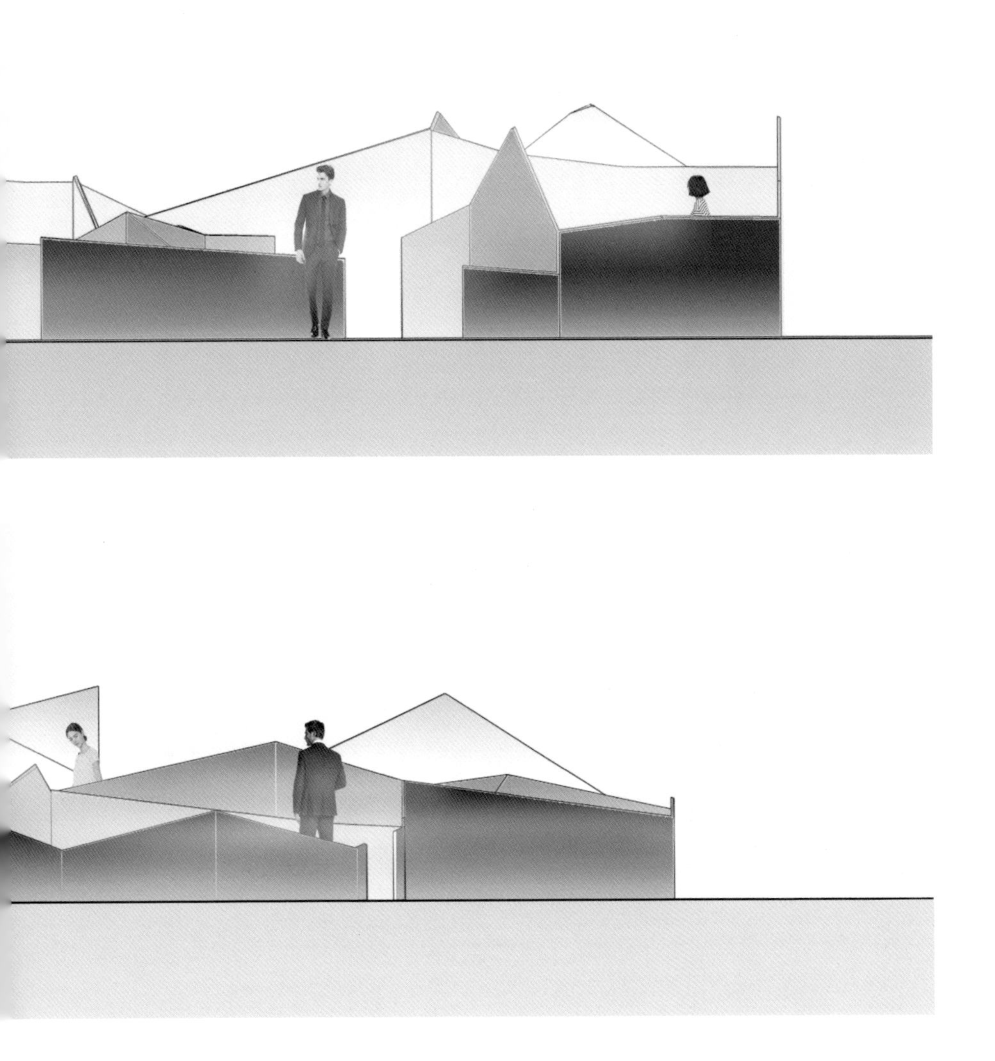

塑造肌理

隔断，作为界面元素，拥有增强空间层次感和烘托空间氛围的关键作用。隔断的形态可以对整个室内空间造成风格上的影响。基于前期塑造的一个自然山体基础形，设计进一步在形态上增加色彩肌理，营造空间氛围。为了塑造多重渗透的动态光影，营造开放通透的室内空间效果，设计排除了常规的烤漆板、金属等材料，选取了明亮而通透的玻璃材质。为了烘托白云重山的主题，设计选用蓝色和透明的白色作为玻璃渐变主色。为了达到云遮雾罩的感觉，项目评估

现场效果

了多种透明性，以桌面高度 780 毫米为基准，桌面之下为白色不透明玻璃，利于分割出每个小组的区域，同时保证了个人的私密性，桌面到离地 1400 毫米的位置用蓝色透明玻璃围合，这个区域属于视觉中心点，因此选用不一样的颜色进行强调。而离地 1400 毫米以上选用白色半透明玻璃，保证视线可达性的同时，模拟出了被云雾遮掩的山尖的感觉。同时，考虑到玻璃落地的安全性，除了与公共通道交界处的玻璃外，其余玻璃都与地面保持一定距离，依靠桌子之间相互固定。

现场效果 1

玻璃围合良好地营造出的办公区域简洁明亮的效果。为了衬托出整个山体造型，设计对空间内的其他部分进行相对简化的处理。在空间主体物比较轻盈、通透的情况下，天花统一用白色无机涂料，避免出现天花显得过重、空间过于压抑的情况。墙身在茶歇区和卫生间的立面选用木饰面，形成了比较明显的功能分区示意。卫生间采用隐门处理，让整个立面显得更加干净、整洁。考虑到开放办公降噪的问题，地面用了木纹胶地板，饱和度会较低的胶地板颜色可以更好地衬托出内部的蓝白色山体造型。

项目利用玻璃的层叠交错，使静态透明性空间秩序向动态空间转变，实现了在同一空间下，一步一景、移步换景的空间效果，形成了一种动静交错的空间效果。随着时间的变化，光斑的大小、位置，环境光的强弱都会在室内空间变换。使用者在不同的区域能观察到光影的变化，空间体验的层次感也随之发生变化。

现场效果 2

现场效果 3

现场效果 4

雕光塑影

项目控制了玻璃的最高点不能超过 2100 毫米，并且依附在柱子旁边，用不锈钢框架固定在地面和桌板上，同时玻璃的边角做了倒圆角处理，以确保玻璃落地的安全和稳定。常规照明上，项目也用了不一样的设计手法。满铺筒灯成本过高且筒灯下的光晕比较影响整体空间效果，而常规条形灯的布置会因非常规的平面布置而使空间显得繁杂。项目选择在过道区域使用筒灯，办公桌区域使用条形灯，在不影响主体效果的情况下优化了办公整体照明。

光的采用不仅起到照明作用，很多时候，光能成为营造室内空间氛围的因子。利用光去表现几何形体与空间的层次关系时，不同的空间属性，光的处理手法也不同。在灯光的强度、照射的方向、玻璃的通透性等需要控制的变量上，项目进行了多种实验。实验发现在玻璃底部向上照射，光线可直达玻璃顶边。在实验的过程中，一并对玻璃颜色和透明度进行调整，最终达到方案的完成效果。

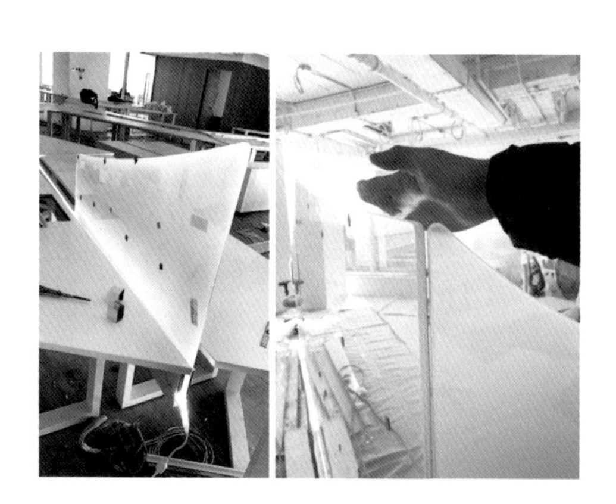

灯光实验

夜间效果

项目小结

本次设计尝试打破常规的办公平面布局形式，以一套相对严谨的设计思维转译了对项目的感知。通过材质、灯光等元素将设计主题转化为空间中具体的形式表现，使形式成为办公空间组成的一部分。项目以塑造形态的设计手法，在室内办公空间塑造云雾山峦的空间体验。这也使得办公空间与室外的山景在主题和观景视线上有一定程度上的融合，让空间体验变成连接室内外环境的无形桥梁。

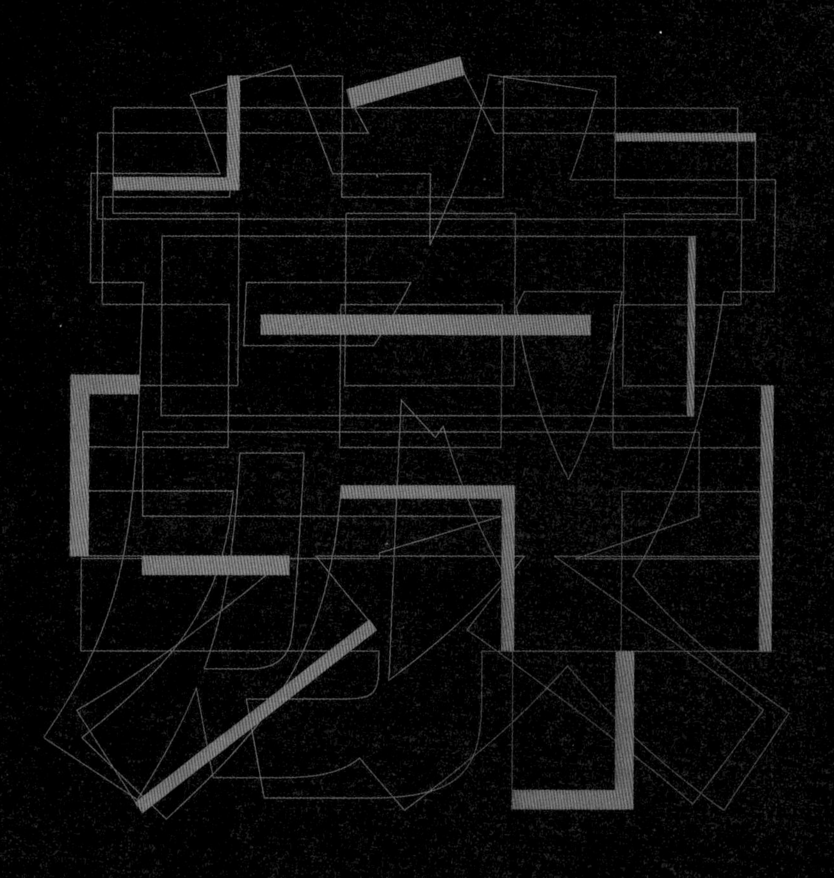

开放与共享

广州美国人国际学校礼堂设计

佛山市某国际艺术学校方案设计

济南市某集团办公文化中心设计

开放空间边界　促进多元共享

开放，既指一种空间改造的介入方式，也指空间经过更新设计后，所能呈现出的开放式状态。随着开放共享的建设理念的不断发展，边界的形态在城市和建筑空间中也变得多元复合。空间中既存在着有形的物理边界（墙、门），也有存在于无形的边界（线、交界）。[1] 物理和抽象的边界在空间中都可通过结构、材质和形式的处理变化而实现。通过消解的边界、模糊的边界、开放的边界等不同形态，在同一个空间中，也能进一步组织出更多的空间层级。本章所介绍的设计案例包括国际学校的教育空间设计和企业文化的办公空间设计，项目都探求通过改造打破建筑物理边界的限制，通过主题营造、层次路径、材料表现等激活建筑室内外过渡空间的活力，改善空间的整体环境质量。

扬·盖尔（Jan Gehl）将城市中的大学校园比作一座城市。学校的环境规划在指导规范下形成一个有秩序的整体，教学空间的层级连接和格局划分依据院系设置进行对应的组织，学校不同的空间则有其特定的功能类型和相对应的校园交往活动。[2] 一方面，校园有其内部的运作秩序，形成独立、单一的空间网络，空间规划基于校园内部，其重点在于建设能促进教学相关活动的有机环境，以实现学生在校园活动和教学内容上的积极互动。另一方面，校园文化变得更加开放、多元，这意味着校园环境的改造与更新需考虑如何促进学校与社会之间的进一步互动。家长作为连接学校与学生、学校与社会的中间群体，参与进校园生活中，是平衡学校与社会边界之间关系的重要角色。在广州某国际学校礼堂的整体改造项目中，项目基于学校的教学理念和校园整体环境，打开礼堂前厅的物理和概念边界，使其从一个对内的、单一的校园礼堂转化为一个供家长、师生停留与交流的“微缩广场”。这一改造也更体现出学校开放式的教学理念，符合师生与家长的需求。开放、共享的校园环境能进一步促进人们在公共空间中的互动联系。

教育活动本身是社会活动的缩影，同时也扩展着社会活动的辐射网络。在佛山市某艺术培训学校的改造设计中，项目思考如何打开校园的边界，更好地实现学校与城市之间的多元共享。从城市的尺度来说，建筑的底层部分对城市空间的生活塑造尤其重要：“这是进出建筑的地方，是室内外生活能够相互作用的地方。这是城市和建筑相遇的地方。”[3] 改造过程尤其关注教学楼的底层部分，有效利用过渡空间，成为校园与周边社区、学校和城市之间物质文化信息交流的载体和媒介。在学校的内部，也进一步对图书馆、阅览室等公共空间重新整合，置入更新化的设计主题，表达校园开放、共享的教学理念。

城市公共空间中的花园、平台、长凳、座椅等，都可以成为人们停留的边界地带。[4] 这样的过渡空间往往具有良好的视野和公共自然景观，也适合人们低声交谈。它们吸引人们停留、产生行为活动、促进共享交流，是城市空间中的“柔性边界”。[5] 在济南某企业的办公文化中心改造中，设计思考如何通过不同的元素，在有形和无形之间创造流动的过渡与衔接，实现视线的渗透和空间感知的结合。[6] 设计在空间中植入了作为共享平台的大台阶，以飘带的形式塑造其轻盈的形态。宽大的台阶，设计目的并不在于通行，而是在于共享，塑造出仿佛室内的“空中广场”的行走和停留体验。与大台阶相呼应的是飘带形态上增设的不同大小的孔洞，促成视线的交流，赋予大台阶视觉意趣和空间体验，成为鼓励人们使用、停留，促进彼此交流与沟通的共享空间。

在 20 世纪 60 年代，从事办公空间的研究和设计的德国管理机构“奎克博恩小组”（Quickborner Team）从开放式的办公体验出发，提出了“景观办公室”（Burolandschaft）的办公设计模式原型。开敞的办公空间取消了固定实体隔墙，取而代之的是用装配式的办公家具、自由隔间、活动屏风、自然绿化等元素任意排列变换，作为不同工作区域的隔断，以灵活的组织模式连通不同层级，促进工作流程中的对接与沟通，提升办公效率。而在济南某企业的员工餐厅的改造过程中，设计团队也沿用了类似的手法，以开放的空间组织形式消解固有的层级观念。灵活的设计模式能够激发空间整体的流动性，带来餐厅空间的共享体验。

以上的讨论都是对于空间边界的不同介入方式，让空间更新进一步参与到多元共享的环境体验中。空间的改造与更新，不仅关注物理界面之间的边界，更加关注抽象和无形的过渡边界。开放的边界能赋予空间更多的活力，而不同界面间的连接与过渡，也使得空间活动彼此补充，促成更多元化的场所环境和体验。不论是对空间界面的渗透和连接，还是对边界的重构与调整，改造的过程都希望通过有效的边界处理，塑造多元开放的边界形态，实现空间的有机秩序和适宜的环境体验，促进交往活动与功能复合的共生共荣。

1 张为平 . 隐形逻辑：香港，亚洲式拥挤文化的典型 [M] 南京：东南大学出版社，2009：139.

2 扬・盖尔 . 交往与空间 [M]. 何人可，译 . 北京：中国建筑工业出版社，1992：97.

3 扬・盖尔 . 人性化的城市 [M]. 欧阳文，徐哲文，译 . 北京：中国建筑工业出版社，2010：75.

4 扬・盖尔 . 人性化的城市 [M]. 欧阳文，徐哲文，译 . 北京：中国建筑工业出版社，2010：139.

5 扬・盖尔 . 人性化的城市 [M]. 欧阳文，徐哲文，译 . 北京：中国建筑工业出版社，2010：140.

6 扬・盖尔 . 人性化的城市 [M]. 欧阳文，徐哲文，译 . 北京：中国建筑工业出版社，2010：88.

广州美国人国际学校礼堂设计

打开交流边界

项目名称 | 广州美国人国际学校礼堂设计

设计团队 | 许牧川、蔡敏希、梁文昭、郑海恩

设计时间 | 2016 年 2 月

项目阶段 | 完成

项目地点 | 广东，广州

项目面积 | 约 2135 平方米

广州美国人国际学校礼堂项目位于广州市科学城科翔路，总建筑面积 2135 平方米。该礼堂设计项目包括约 500 座的礼堂、音乐教室、艺术走廊、休闲前厅等，兼具演出、教学、娱乐、展示等功能。项目已获得由美国绿色建筑委员会（USGBC）颁布的 LEED 银级认证，也是广州美国人国际学校（AISG）的标杆示范工程。广州美国人国际学校成立于

礼堂外观实景

1981 年，是华南地区第一所国际学校，也是广州唯一的非营利性国际学校，提供国际专业综合课程。在整个校园环境中，礼堂相当于一个精神堡垒般的存在。因此，项目基于校园文化背景，考量人际交往的形式和空间的实际功能诉求，综合考虑各种场地的、空间的以及精神的因素，进行本次改造设计。

开放礼堂的边界

“广州美国人学校的核心在于

其给学生创造了一个不同于其他学校的

无与伦比的学习环境。

广州美国人学校的核心在于

使学校成为真正学习的地方，

让每一个拥有天赋的学生学习和茁壮成长。”

—— 贝娜得·卡莫迪校长

Challenging
Supportive
Intrinsic worth
Creatively
Healthy
Enthusiasm
Pioneer
Nurture
experience
Positive
Steadfast
Educational
Since 1981
Secure
Features
Aspire to
Challenging

[illegible] the American [illegible]
[illegible], I hope you gain an insigh[illegible]
[illegible]art of AISG. You [illegible] there is [illegible]
[illegible] students with numerous opportunities, in[illegible]
[illegible]ental needs of the students, and to help them
[illegible] familiar with the specific courses offered, the range
[illegible]grammatic features. I think it is even more important to
[illegible]eart of AISG is a warm, supportive environment created by facul[illegible]
[illegible]nts should feel cared for and nurtured. Without doubt, the positive [illegible]
[illegible]ol is one of its greatest assets. There is a vibrancy that is palpable. It is [illegible]
[illegible] faces of adults and students alike, and [illegible] genuine, 'can-do' attitu[illegible]
[illegible] heart of AISG is what sets it apart from other schools, and makes it such a fabulous [illegible]
[illegible] learning.
[illegible]en a choice, who wouldn't want to be in a happy environment where people are cheerful do[illegible]
[illegible]at they do? Common sense tells us that it is just better to be around others [illegible] content and
[illegible]sfied, as they create a wonderful sense of comfort and encourage [illegible]. Research tells us that in
[illegible]hool, this is a crucial starting point to maximize student learning. [illegible] the theory compelling.
[illegible]py environment [illegible]ing, personal connections between people throughout the
[illegible]nity; adults to adults, adults to students, students to students. [illegible] have
[illegible]ects on both the learning outcomes and the behavior of the students. The positive soci[illegible]
[illegible] is be[illegible] and students, and amongst students themselves, positively in[illegible]
[illegible] brains, promoting better learning and better behavior. Adults who are committed
[illegible]ning caring, respectful and positive relationships with students not only promote
[illegible] and emotional development, but also create the most [illegible] prerequisite fo[illegible]
[illegible]ng. The heart of AISG is what makes it a place of genui[illegible] [illegible]her
[illegible] do, thrive.
[illegible] pleased that the faculty and staff of AISG attend just a[illegible]
[illegible] context in which it is taught. [illegible]
[illegible]d so too is the positive en[illegible]ment in the classroom
[illegible] understa[illegible]

学校的追求

虽然案例只是针对该校礼堂进行的空间改造，但设计依然站在一个宏观的视角进行思考。礼堂原来主要用于会演、各种音乐训练，但除了表演季，平常很少有师生在里面逗留，往往只将其作为一段快速通行的校园借道。从平面图可以看出，这是一个相对独立、封闭的礼堂。封闭的幕墙作为建筑的边界，将这个礼堂与整个校园、喧闹的日常以及人群隔离了出来。空间无法真正成为学校里日常生活中的一部分，无法在活动中与师生形成一种良好的社会网络。

多元的校园生活

学校现场

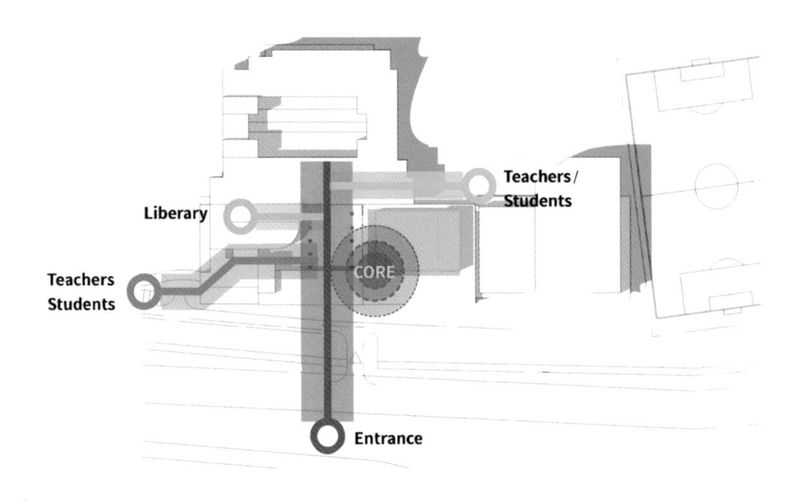

礼堂位于校园中心，同时它也在流线的交会点上

Teachers / Students	教师 / 学生
Library	图书馆
Entrance	入口
Cores	交会核心

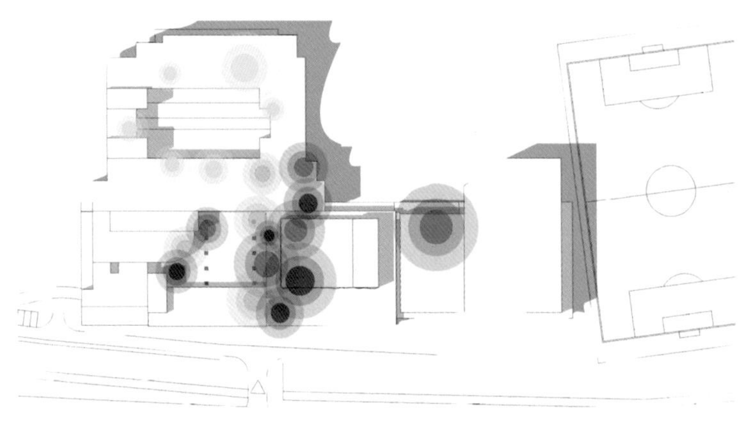

休息时间	（15 分钟）
开学前	（20 分钟）
午休	（20~45 分钟）
放学后	（20~45 分钟）

案例的礼堂是整个

校园活动的一个核心点

师生们驻留时间的考察

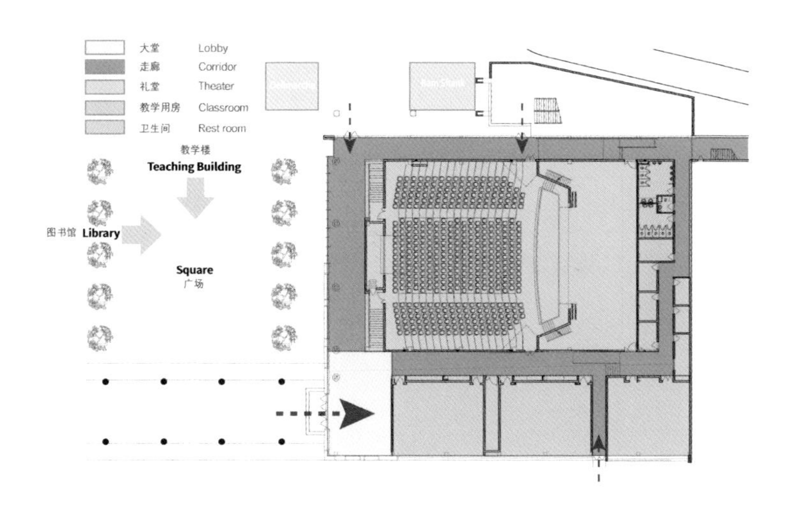

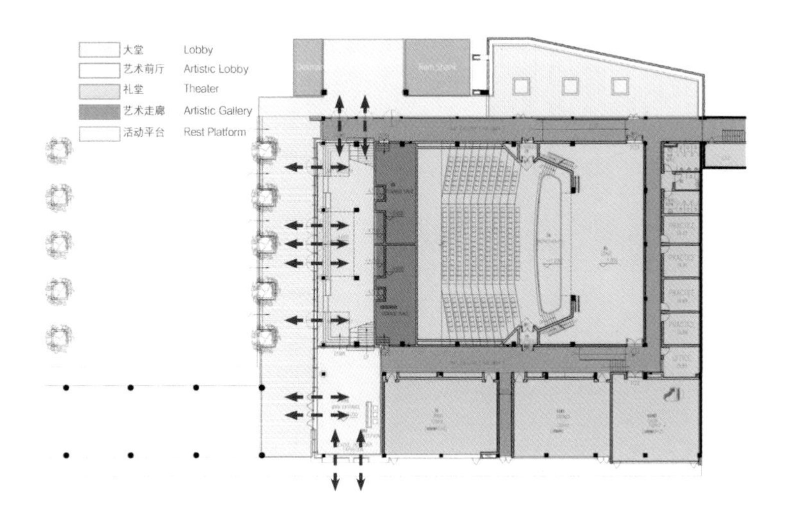

改造前平面图

改造后平面图

设计团队首先从地理位置上对平面流线进行梳理。结合师生们在校园各处停留的时间分布进行分析考察，发现无论是空间维度上还是时间维度上，案例的礼堂都是整个校园的一个核心点。美国人学校的办学理念，注重学生的独立、自由、个性的发展，非常强调人与人之间关系的互动与交流，尊重每一个人和每一种文化。基于校园文化的考量，项目展开时关注如何通过打开空间，置入更多的功能、塑造更丰富的校园生活模式。设计希望通过带入艺术展览、人群休闲交流、师生分享、快闪活动等，同时保证校园会演典礼的原功能，让人群真正参与到学校的礼堂空间文化之中。全天候的校园活动得以围绕礼堂展开，使其自然成为校园活动的新核心点。

基于这些主题的思考，设计提出“打开礼物盒子”的概念，让原本单一的空间产生无限的可能。每一个学生都有自己独一无二的天赋，这是上天赐予他们的一份珍贵礼物，学校里面的老师、家长协助这些孩子打开属于他们的这份无与伦比的礼物，为他们打开未来的篇章。通过空间的重构，从真正意义上打开礼堂的边界，使改造后的空间与校园整体相互连接、彼此回应。

为了将更多的活力带入空间，设计首先从剧院的玻璃幕墙着手，作为打开建筑边界的第一步。通过改变空间内部与空间外部的关系，使得空间边界更为柔性，让原本在礼堂的外部活动参与到内部空间中。在方案中，打破由幕墙围合而成的闭合空间后，设计再于礼堂前厅植入一个与室内水平面持平的户外平台。空间内部结构和外部结构的关系发生了变化，得以在水平维度上二次延伸，使建筑和环境产生更密切的关系，成为一个整体。此时，设计再植入一个景观化的标识，让整个礼堂成为校园的标志地点。景观化标志给人们提供了驻留点，剧场内部空间得以向外发散，连通至建筑外部的公共活动空间。天气好的时候，老师和学生都喜欢在这个区域停留进行交流与互动。

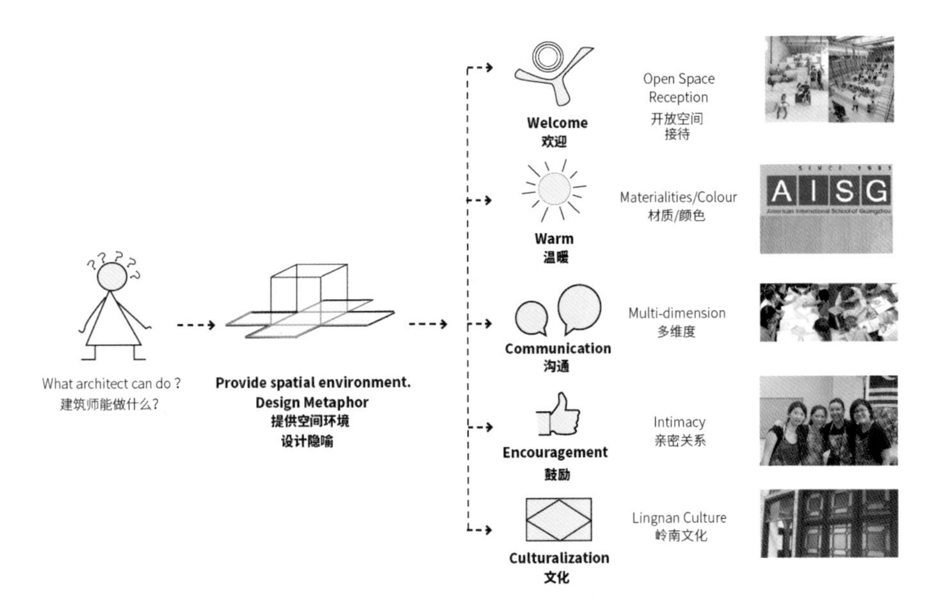

场所的需求

由于业主并不希望整个礼堂建筑进行较大的拆改，设计于是思考如何在不拆解现有建筑结构的前提下，对空间进行整体优化。团队决定对建筑外部表皮进行优化设计，仿佛给原建筑包裹一层包装纸。团队拆解了一堆礼物包装盒，从不同的角度观察并寻找，找出最合适的皱褶，提炼出几何元素、变换角度和组合，作为一种视觉上的造型，用以直观地传达现象。礼堂建筑外立面直接利用提炼出来的“打开的

嵌入的功能

礼物盒”的几何元素，使用玻璃纤维增强混凝土（GRC）突破原建筑墙面的局限，暗藏的 LED 灯带令整体建筑神秘而梦幻。夜间外立面造型结合学校代表颜色的灯光使得该建筑成为整个区域的亮点。利用折板造型打造的建筑外观，犹如一个待拆的礼物盒子，充满对未知的探索和对未来的期盼。

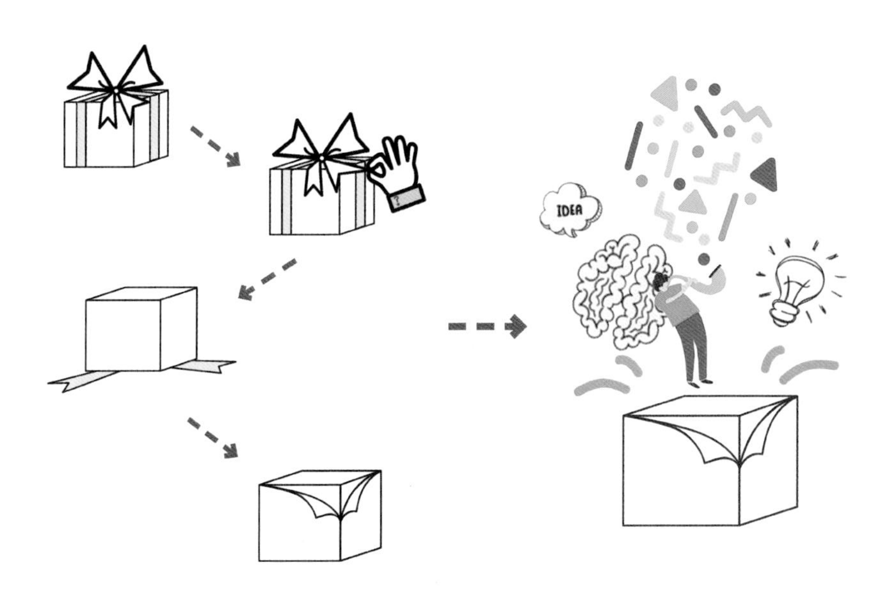

打开的礼物盒子

夜晚的外立面

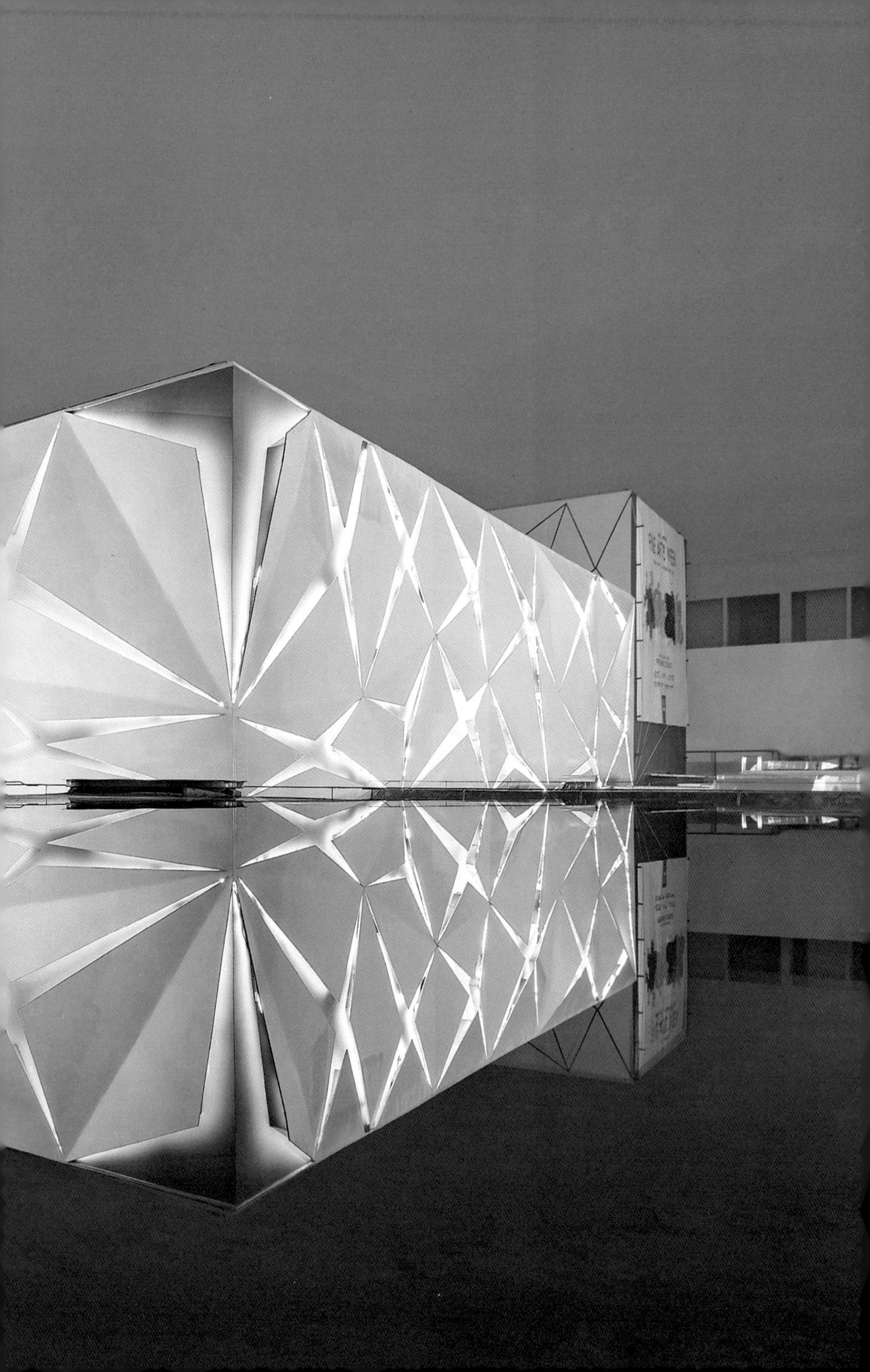

“打开礼物盒”的动态过程也成为设计主题植入空间，从建筑外立面一直延续到室内空间和装饰造型的细节上，增强人和空间的联系。这样的处理手法也回应了校方对礼堂建造的美好期待。未来的校园生活中，或许能在礼堂里开启学生的表演、活动的天赋，成为属于他们自身独一无二的礼物。

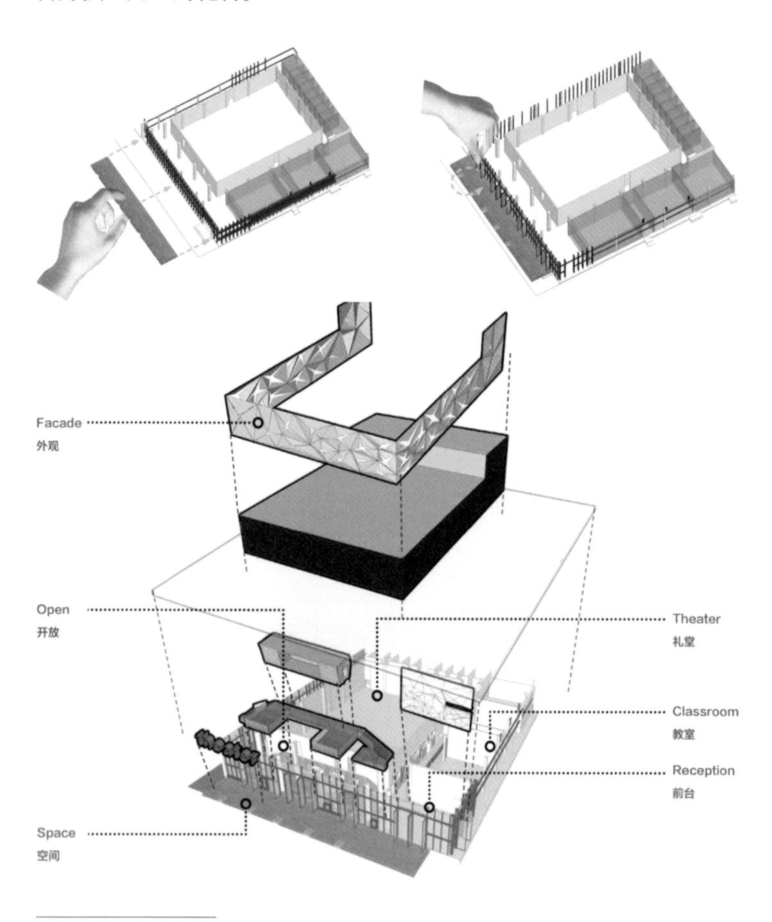

拆解的“礼物盒子”

打开礼堂的边界后，建筑与周边环境的关系也随之发生了变化。校园广场更多了几分热闹和欢愉，平台与校园广场的自然融合，创造了一个更加和谐的隐形空间，广场的树荫绿意，仿佛跨越多重边界，更大程度地纳入礼堂，与空间共生，形成一种和谐的互动。

打开的边界和延展的空间

礼堂前厅

打开交往的边界

如何通过设计来营造让人们驻留和凝聚活动的空间，如何让人坐下来观看、聆听、攀谈、交流，促进师生与场所发生积极联系，是接下来的研究重点。团队在有限的前厅空间设计中，做到了空间的最小化和功能的最大化，利用层叠的楼梯满足了展示的需求，不仅可以分隔空间，形成隐形的围合空间，还能用作休息的凳子。通过整合不同尺度的功能模块，如开放的台阶、小型的半围合卡座、私密的独处空间，满足不同类型不同功能需求的群体使用，通过合理组织这些功能模块，形成一个共同的公共空间整体。这是一个平等开放，学生、老师、家长之间互通有无的交流分享空间，本来只能站在广场外等待接送学生的家长们，也可以真正进入这个公共空间并参与到其中。

开放边界的设计手法，使空间能够打破学生与学生、学生与老师、学生与家长之间的隔阂，进行轻松、平等地交流。这个被赋予丰富的空间体验的、开放的礼堂，最终成为该校园的一个“共享客厅”

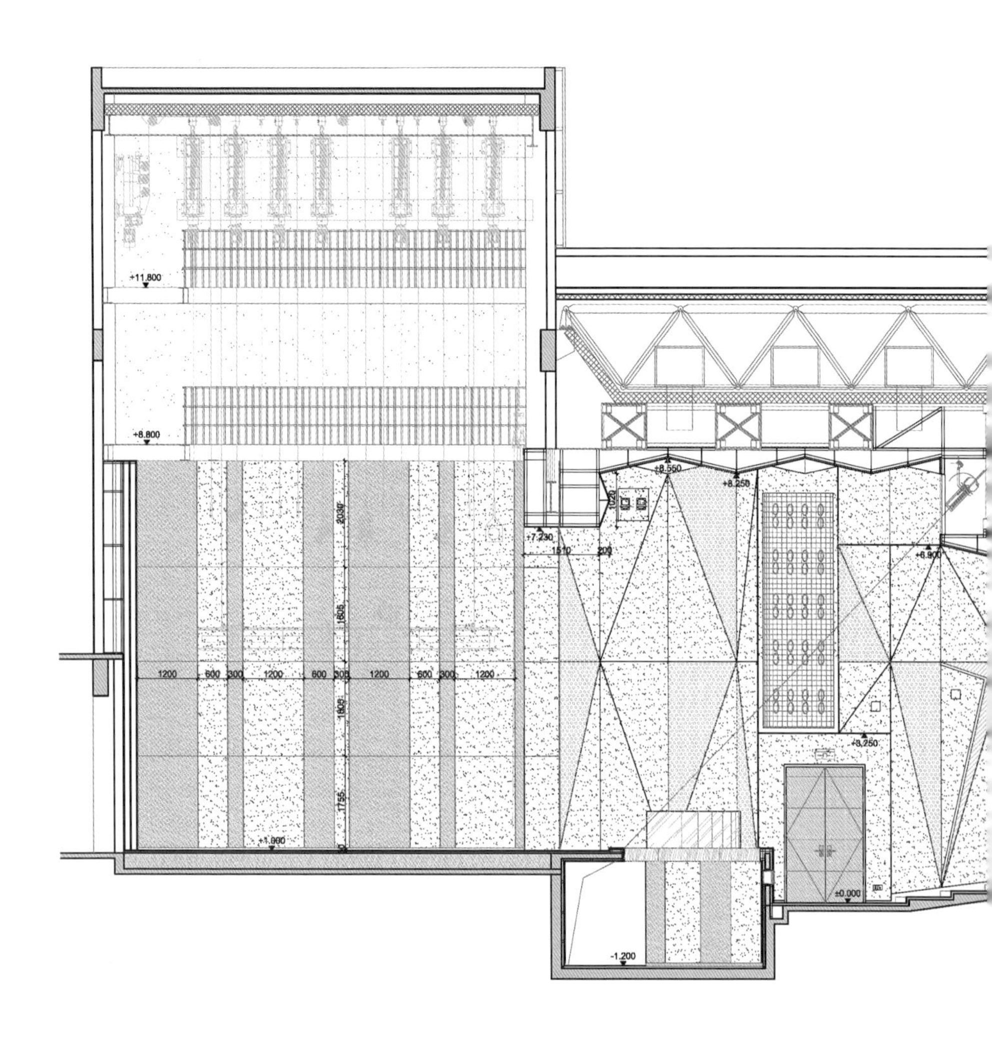
+11.800
+8.800
+8.550
+8.250
+7.230
+6.900
+3.250
+1.000
±0.000
-1.200
1200
600
300
2030
1605
1605
1755
1510
200

礼堂剖面图

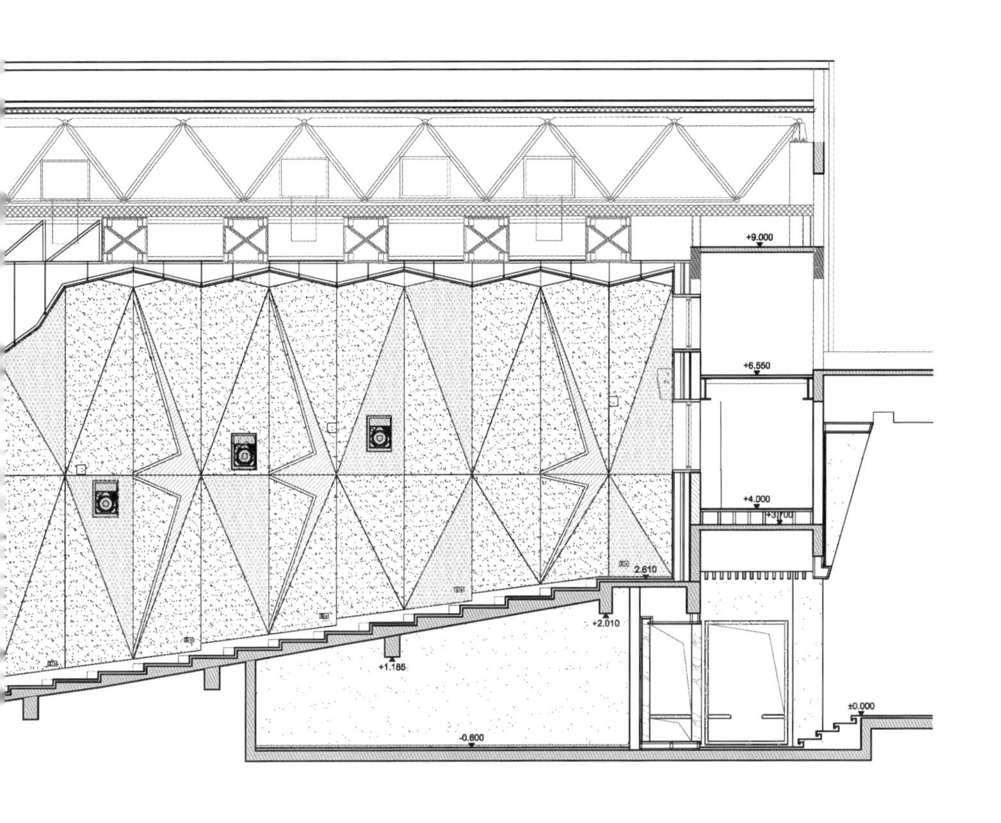
+9.000
+6.550
+4.000
+3.700
2.610
+2.010
+1.185
±0.000
-0.600

下沉式的设计为礼堂内部空间创造舒适、平等的交流场景氛围。台阶不仅是交通流线的一部分，也充当坐凳的角色。温暖的木色也为

下沉式共享空间

了进一步衬托这个开放而包容的空间设定，进一步促进人与人之间的交流互动，增强空间的共享功能属性。

礼堂内景

AISG
14
13

作为一个内置专业级设备的礼堂，其内部室内设计元素始终贯穿设计主题，与外立面的造型内外呼应。几何造型图案的延伸让空间有更强烈的韵律感。一脉相承的主题概念和设计语言——“打开礼物盒”的缝隙，寓意学生的灵感和情感在缝隙中迸发而出。学生可以在礼堂展示、演出，留下他们成长过程中最深刻的印记，交出他们成长经历中一份满意的答卷。铝板间的LED灯带相对外立面更加灵活多变，灯光亮度和颜色可根据演出主题和环境的需要进行变化，提高了环境空间的氛围感染力，共同为学生打造一个展现自我的舞台。公共空间设置了大量不同规格及功能的展示层架及储物空间，适应不同的乐器及艺术品摆放，用以展示学生的学习成果，同时也化解了走道过长的单一性。

墙身细节

展示与收纳共存的过道

非常规的教室过道

1

前厅屏风设计不但贯穿设计主题，与外立面的三角折板造型内外呼应，还结合了中国传统岭南元素。玻璃屏风的设计受岭南文化特有的满洲窗玻璃制法启发，将细节进行抽象化提取并重组，设计凹凸花纹玻璃的样式，增加亮点。这样的形式塑造也表达出对地域文化的呼应，彰显其在广州的意义。

礼堂前厅

项目小结

案例根据学校特色和建成环境，完成了广州美国人国际学校礼堂的室内设计项目。打破原本建筑与环境的固有边界，将空间与外部环境的界限透明化，通过设计来营造充满吸引力的、可以适应更多功能需求的空间，赋予空间多重性的功能，降低空间与环境的分离感，提高了人与空间的参与度，人与人直接的亲密感，人们通过参与各种活动体会这个空间带来的象征意涵，来组织意象。这很好地达到了学校想通过这样的一个空间来向学生、教师、家长及社会传达理念的目的。希望这个打开的“礼物盒”，能为广州美国人国际学校的师生创造出激发梦想、创造未来的空间。打开校园礼堂的边界，也增进校园空间里人与人之间的关系往来。

佛山市某国际艺术学校方案设计

开放空间界面

项目名称 | 佛山市某国际艺术学校方案设计

设计团队 | 许牧川、何灵静、杨尚钊、李均杰

设计时间 | 2019 年 3 月

项目阶段 | 完成

项目地点 | 广东，佛山

项目面积 | 约 15000 平方米

佛山某艺术进修培训机构概念设计项目位于南海区某广场。该艺术高中以欧美国际艺术大学预科课程为教学框架，学校定位为有出国深造打算的艺术类学生提供各类教学和作品上的指导和准备。依托已建成的美术馆、艺术戏院、大师工作坊以及周边的国际学校和外国语学校，项目对学校原有的建筑方案进行改造设计。

整体建筑效果图

基于该国际艺术学校的定位，项目设置将学校本身的教学功能布局作为考虑重点，旨在通过本次设计改造，为学生提供更多元的校园生活。原建筑方案在校园空间中设计了众多功能化空间，但是片面的功能堆积使公共空间与教学单元混杂，空间趋同于传统学校模式，内部流线比较单一。空间场所设置缺乏共享交流的植入，学生和老师的活动范围依旧局限于校园空间内部。

开放空间边界

考虑到该校定位与一般综合学校的区别，设计在确保艺术学校的创意性、文化性、专业性的前提下，强调其社交属性。项目概念展开的过程中，尤其关注学校环境如何呈现对社会的“开放”。通过功能空间进行打破、重组，形成“区域艺术激发器”。

本着开放的理念，设计从宏观角度出发，针对周边地理环境、结合校园文化背景，进行功能空间的再组织。将学校整合为微型城市，形成学校与社会之间的柔性过渡。项目在整个校园空间中营造了众多类似城市空间的场所：街巷、广场、庭院、台阶等，为学生提供不同

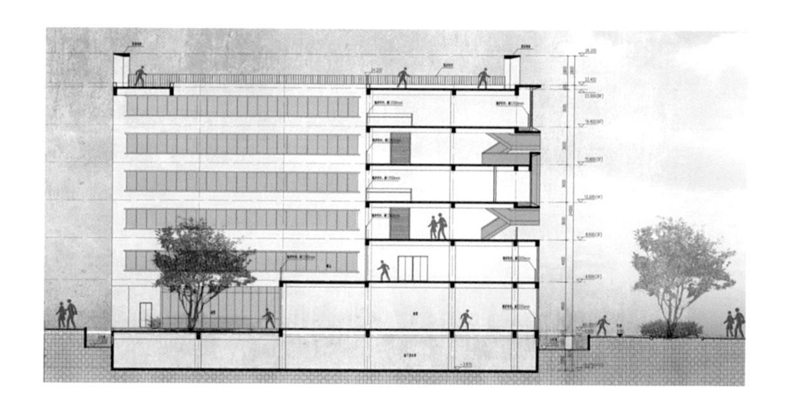

原建筑设计剖面图

尺度的交往角落和有趣的空间体验。打开空间边界，进一步塑造开放灵活的空间体验，丰富学生校园生活。

时下的学校教育已不局限于基础的通识教育，以项目式学习为主导的综合实践活动已成为国际化教学的常态。学校的设计越发趋于构建贴近真实情景的学习空间，通过积极的校园环境氛围，促进学生合作性和创造性的学习探索体验。在国际艺术教育的背景下，该学校的办学目的已经不限于传道授业解惑，更重要的是激发学生对于学习的兴趣，激发学生的创造激情，培养未来的创意型人才。

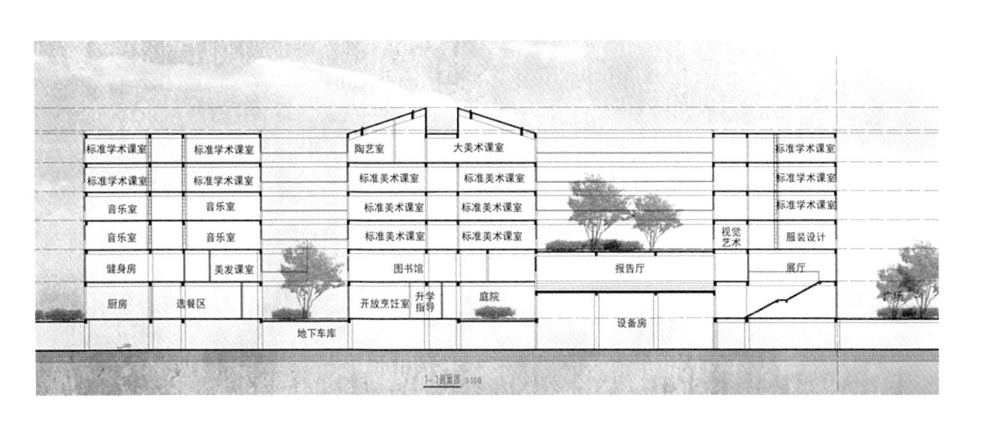

原建筑设计功能布局剖析图

结合校园的文化背景及周边地理环境，本着开放空间的理念，设计希望首先将整个校园的组成范畴扩展到周边的社区中，在学校形成一个相对通透的区域。打开学校边界，能邀请社区人群参与到校园教育中。通过对边界的处理，置入新的共享空间，这不仅为校内学生提供更多公共社交空间产生可能，也塑造了与社区间更紧密的联系，提供积极、轻松的多元化活动空间。

方案不仅是在创造一个实体的建筑空间，更是通过对场所氛围的营造，激活对学校的教学方式以及组织模式的新探索。通过对原建筑的改造设计，释放更多校园空间的可能性，呈现多元的文化生活，让学生具有更多的交流行为的可能，丰富学习、生活、社会经验。

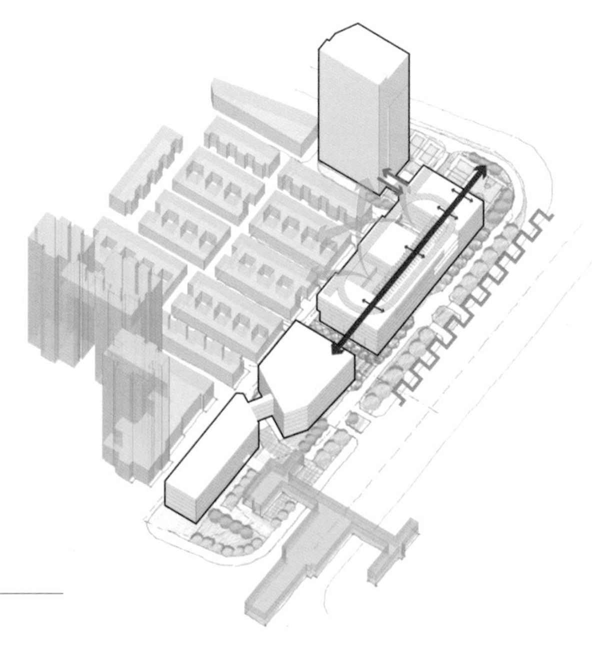

打开校园边界

设计首先对原建筑功能空间进行梳理。项目功能多样，在办公室、会议室、美术课室、广播电视、学术教室、计算机课室、图书馆、多媒体课室等学校基本功能之外，还包括陶艺课室、物理实验课室、创客工坊、时装设计课室、视觉设计课室、排练厅等特色功能空间。另外，由于学校本身的开放属性，校内还有美发室、美容室、健身房、插花室、烹饪教室、品酒区、咖啡吧等带有营业性质的功能空间。建筑功能多样且繁杂，通过梳理，设计将众多功能划分为两大部分，一部分为学校内部使用的空间，另一部分则是对外营业且能公共使用的社交功能空间。

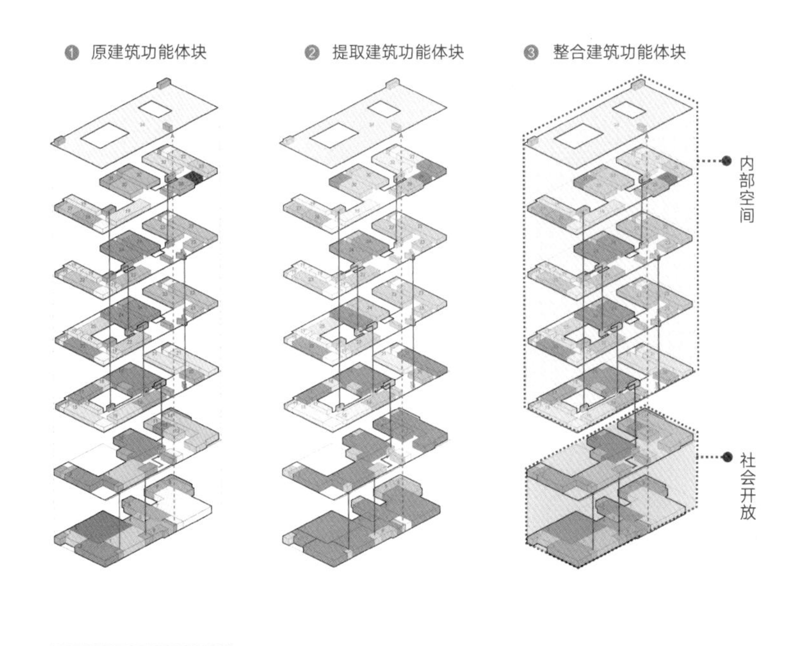

功能空间梳理

学校的整体规划分为两个部分。在垂直方向上，首先通过对原有功能空间的分析梳理，设计将原本零散分布的社交功能空间提取出来进行重新归纳，将众多社交功能空间重新整合，放置在一、二层，形成社会开放区域。结合周边环境，再将空间置入相应社区活动，以形成水平方向的开放形式，打破空间边界。

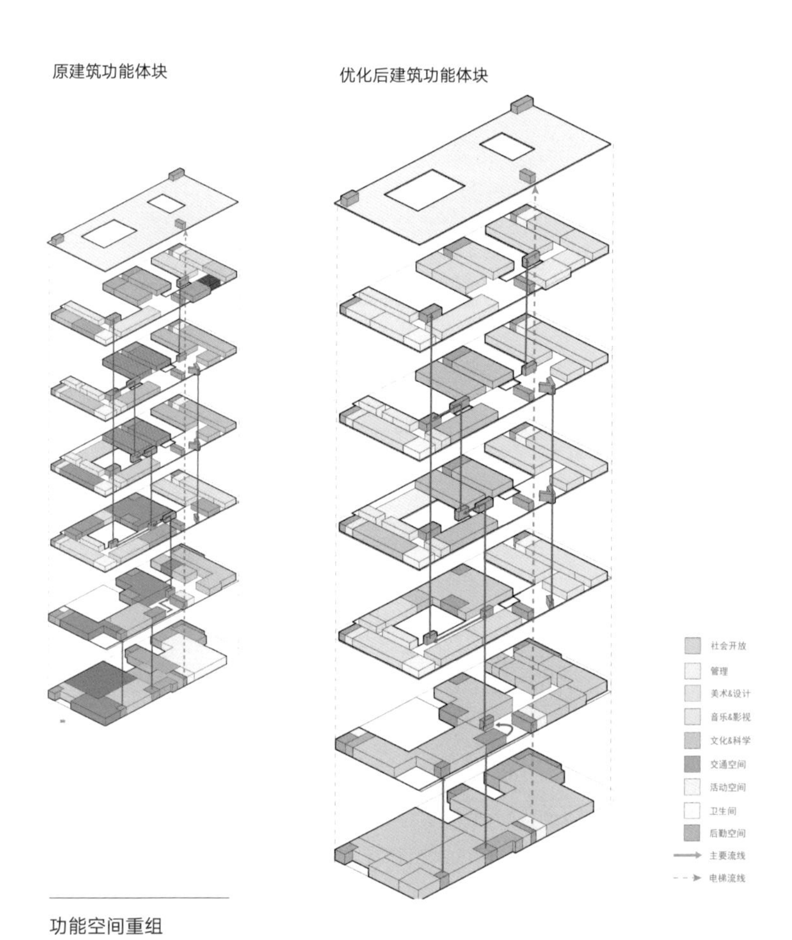

功能空间重组

项目将展厅、摄影工作室、健身房、美发教室、花艺教室等既可以对外营业、又可以作为教学内容使用的社交功能空间放置在建筑底层。一、二层作为基础层，包括大堂、展厅、报告厅、饭堂等公共功能空间，作为向社区开放的区域，与周边环境有机联系。教学单元位于建筑上层，平时可作为封闭化管理，进行校内的专业教学。建筑下层能保持开放的状态，为学校和当地的社区提供交往、互动的空间。

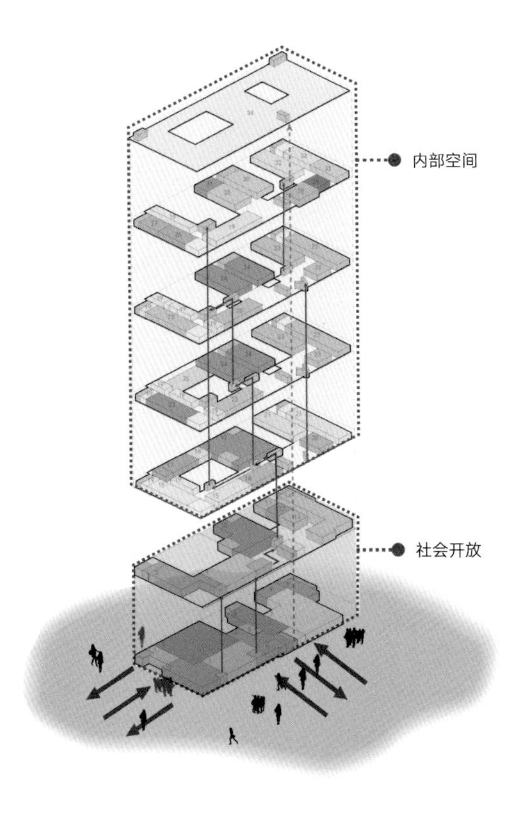

整体空间的重新组织排列

通过空间的重新组织排列，项目实现对校园多种功能业态的开放。通过打开物理间隔，形成双向流动的空间体验，缩小校园与社区的距离，让社区活动有机介入学校环境中，起到活跃学生校园生活的积极作用。带有营利性质的公共社交空间被调整在首层，放置在建筑边界，成为对外开放的校园窗口，让周边居民能参与和体验校园内部的多种业态。对外营业同时对内的商业模式，也吸引着学生们来到校园与社区的边界，从而实现社区与学生动线的交织，促进交往互动的可能。另一方面，设计在公共社交空间也植入了新的功能，比如同时

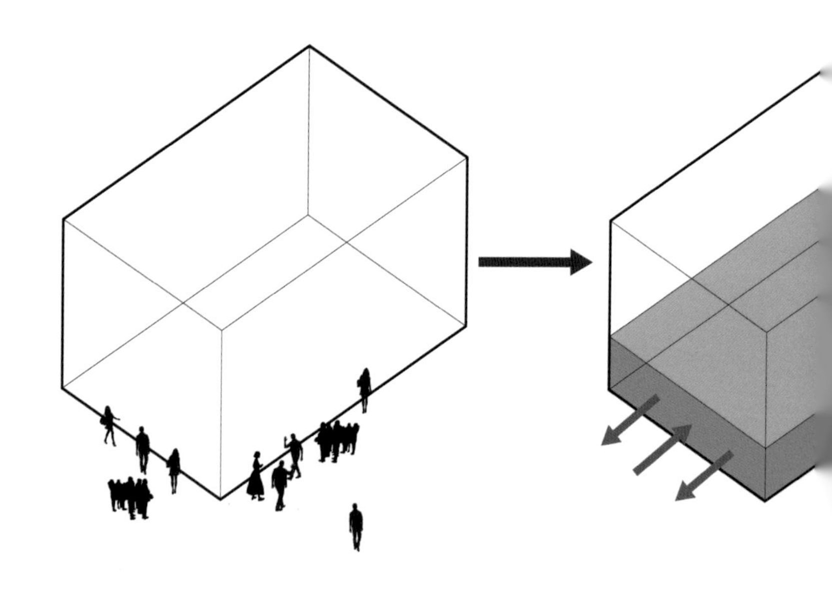

底层置入社区活动，开放空间边界

兼容展览功能的入口大堂空间、遍布展示区的咖啡厅，等等。公共社交空间在增加了展览功能之后，让社区居民得以通过展示物品进一步了解学生们的思想及成果，学生们也有了能够表现自己想法的空间。营业空间也有了吸引客人进行消费的特色，从而达到学生、社区人群以及运营的三方共赢。另外，由于营业功能空间与学校本身设置的专业有一定的重复覆盖，学生们得以有机会进行社会实践，与社区人群发生互动。多元化地参与社区互动，使得学生能在学习之余进行有效的社会实践，进一步提高学校的教育质量，激发原空间的活力。

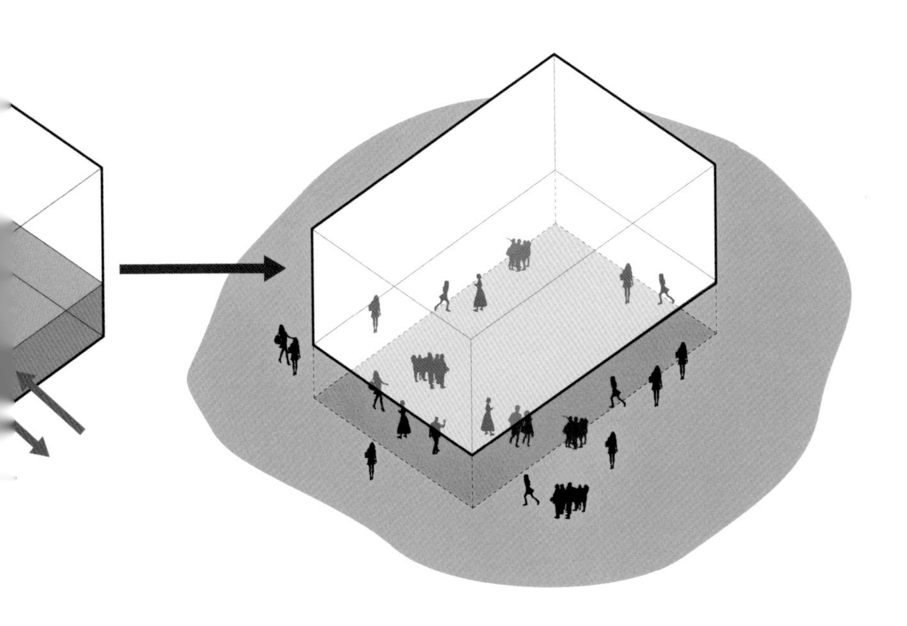

开放空间节点

结合国际化教学的背景及项目定位，设计希望能营造更加活跃、开放的空间。通过视觉、触觉的不同角度切入，从人们的感官体验出发，以色彩、材料的选择引导人们进行社交，促进人们的互动。设计以空间的色调与材料的选择为出发点，将主题营造与空间重构有机结合。项目以印刷四分色模式（CMYK）为引，结合校园特色及项目愿景，作为意向进行提炼“创造（creation）、制作（manufacture）、渴望（yearning）、知识（knowledge）”的内核。这四个方面共同构成方案“星球漫游”的主题概念。设计以星际漫游、无尽探索为引，

PROPOSED CONCEPT
提出概念
印刷四分色模式（CMYK）是彩色印刷时采用的一种模式
利用色料的三原色混色原理，加上黑色油墨，共计四种
颜色混合叠加，形成“全彩印刷”

将 CMYK 意象进行提炼“创造、制作、向往、知识”

借由“CMYK 色彩”的概念，寻找到事物最基本、原始、存在的内在元素
创造出五彩缤纷的艺术世界，以及传统美学糅合崭新理念为主导的艺术方向。

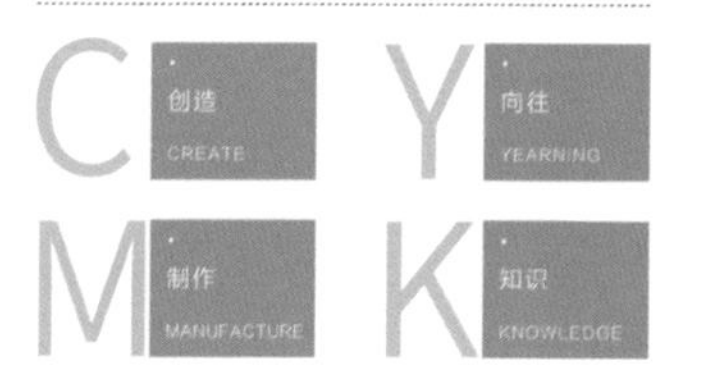

CMYK 四色印刷的概念提出

喻示学生在艺术学习中永不停歇，不断探索的精神。主题也象征与“CMYK 色彩”呼应的艺术方向，寓意鼓励学生从传统美学出发，糅合新事物，寻找事物最基本、原始的内在元素，创造出五彩缤纷的艺术世界。

结合空间，设计再以“创造、制作、向往、知识”为内核，将主题置入相应的节点，配合公共区域主要的社交功能，丰富学生与社区人群的社交活动。我们分别将四个主题植入整个校园中的入口大堂、户外平台、垂直楼梯及户外花园等几个重要的过渡空间之中。

“星际漫游”CMYK 设计概念

CMKY 概念的空间节点植入

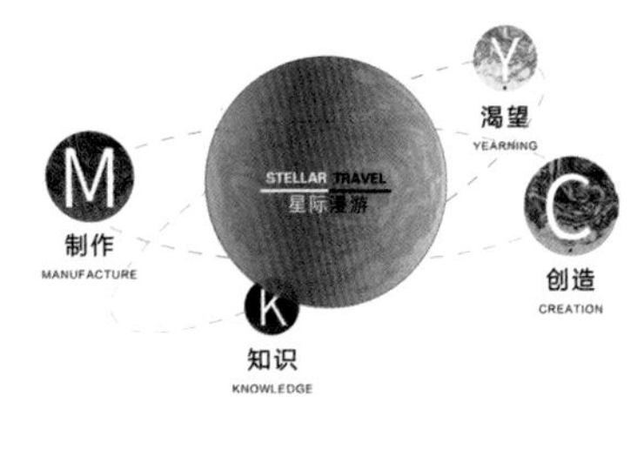

CMYK 星球漫游
运用 CMYK 空间的概念，连接各个色彩空间打造出艺术宇宙，让漫游不再遥远……一直探索、不断了解每一星际和坐标，冒险永不止步。

渴望（yearning），意指迫切地希望、殷切地盼望。学生们渴望知识，渴望进步。作为学校与社区的主要连接点，这是学生们进入学习空间的第一个区域。原入口大堂功能单一，入口大面积的楼梯仅具备交通功能，且空间布局单调。在入口大堂区域，改造并没有进行功能空间的改动，各空间布置仍处于校园面朝外部的一到二层位置，以

休息&分

课间休息

观众坐席

分享空间

优化建筑体块

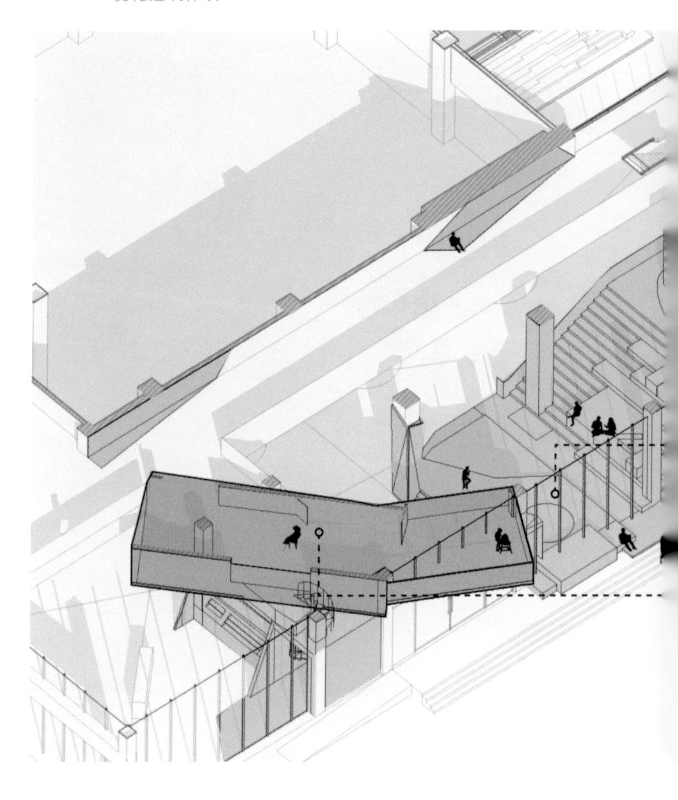

入口大堂节点

便学生进行学术展示以及与社区人员进行交流。设计将中庭面积拓宽并植入飘台，丰富垂直空间关系。同时置入休息、表演、展示、共享等功能，丰富其社交属性，作为社区开放的入口，打通学校与社区的边界。该区域不仅可以作为平时的休息空间，更可以进行学术分享、作品展示、快闪表演等，让社区渗透进来，让学生走出校园。

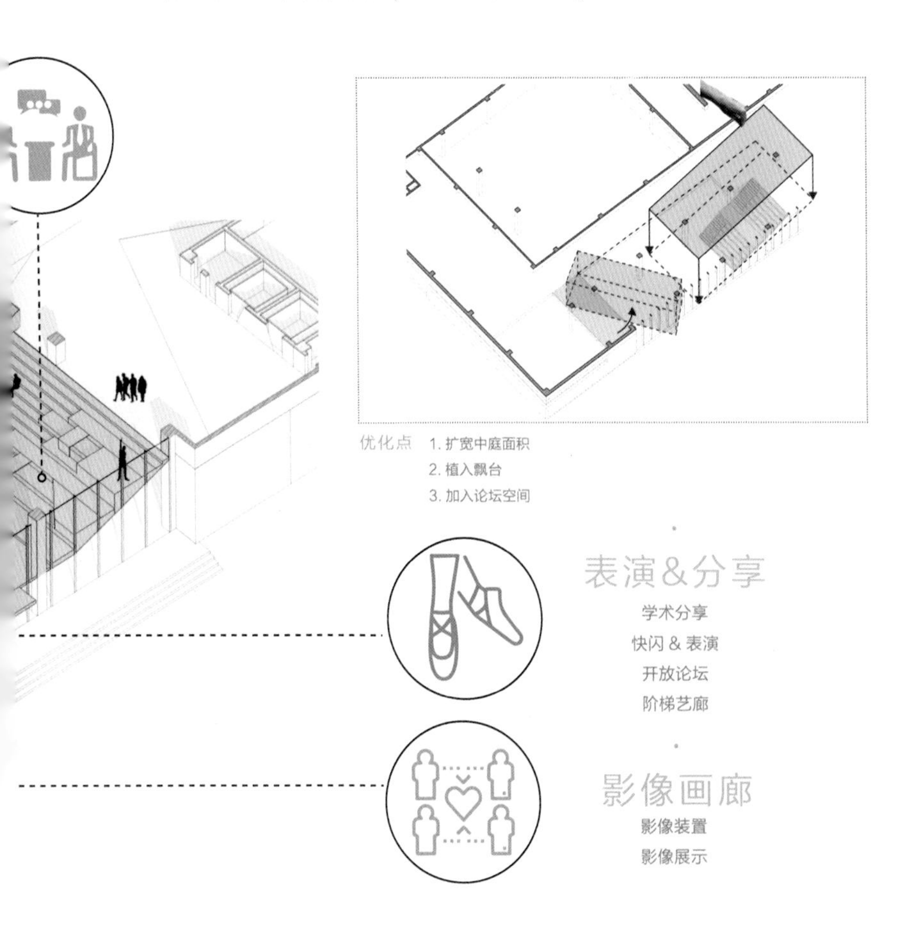

校园通透的界面，让内部的活动得以展示给社区，同时也让学生与社区人群得以有视线上的交互，形成产生交流行为的基础。不同于传统封闭的校园界面，设计选用通透的界面材质，以喻示这是学校与

入口大台阶效果图 1

社区打开边界，产生交互的第一步。入口空间采用积极活跃的黄色来点缀空间，刺激学生的创造思维，吸引社区人群走进校园。学生可以在此进行作品展示、学术分享，并与社区人群进行交流。

入口大堂效果图 2

制作（manufacture），利用资源把想法加工、具象化。位于小中庭的户外平台为交通流线节点，连接空间二到四层。原户外平台仅作交通功能，并无附属功能，设计通过优化空间结构形态，以丰富其可容纳的功能、活动。原户外平台空间单一，空间围合感薄弱。设计通过体块推拉及色彩区分，强调其空间属性，并通过空间的围合、地面

户外平台节点

的抬高暗示空间划分。空间感受得以丰富，错落的平台关系使得人们的交流变得更加丰富，让原本相对孤立的两个平台产生垂直方向上的视觉联系。同时为丰富社交属性，空间中置入展示、分享等功能，人们可以在这里进行学术交流、作品展示及临时表演。

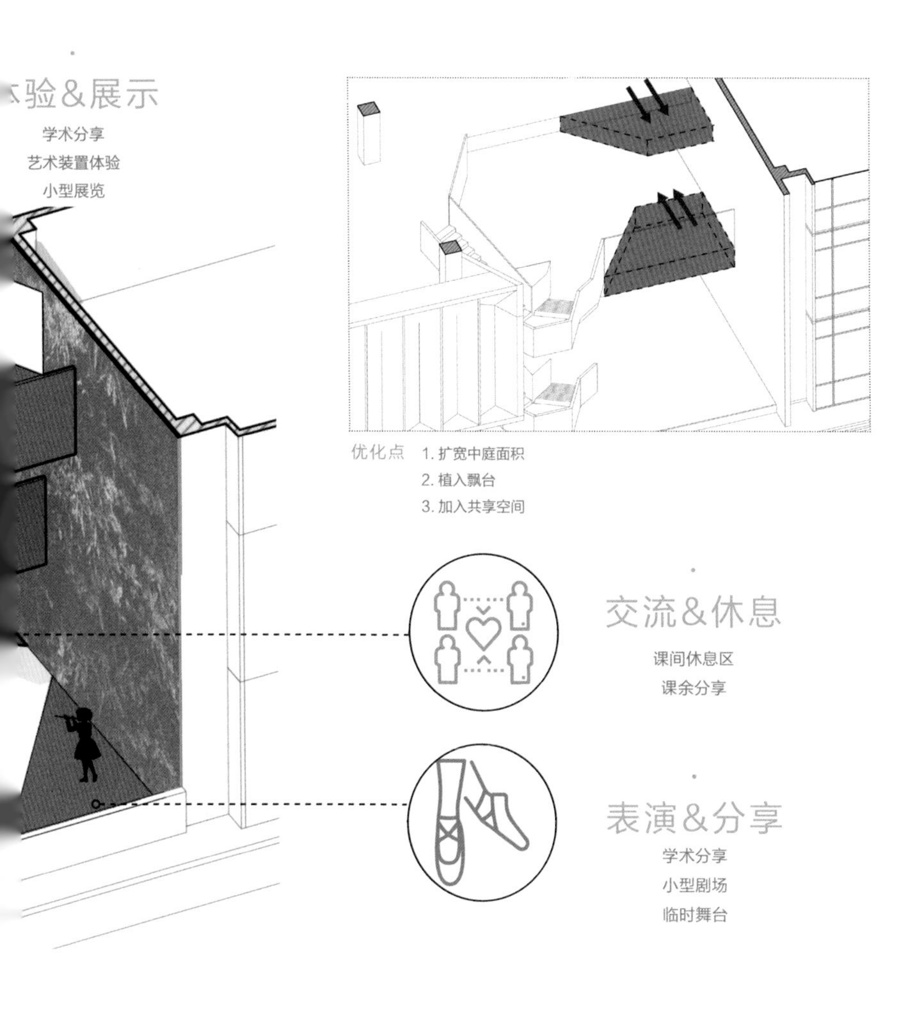

户外平台外部效果图

原本仅作为休息、交通功能的户外平台，经过设计改造，能围合成一个让学生表现自我、展示自我的空间。这不是走廊的附属空间，而是学生展现自我的空间。强烈的色彩呈现，彰显学生们不同的个性和特点。休息平台的设置，让人们得以停留，从而延伸更加丰富的社交活动。交错的体块进一步连接空间的边界，提升交往空间的质量。

户外平台内部效果图

创造（create），是人们有意识地对世界进行的探索性劳动。学生们追求创造性，作为学校的展示面，这是学生们寻求创意和灵感的地方。垂直楼梯为垂直流线的空间节点，连接建筑的二至四层。原本的垂直楼梯相互孤立，且仅作交通功能，空间形态单一，设计希望通过开放空间界面的方式来活化整个垂直楼梯，形成完整的垂直流线系统。

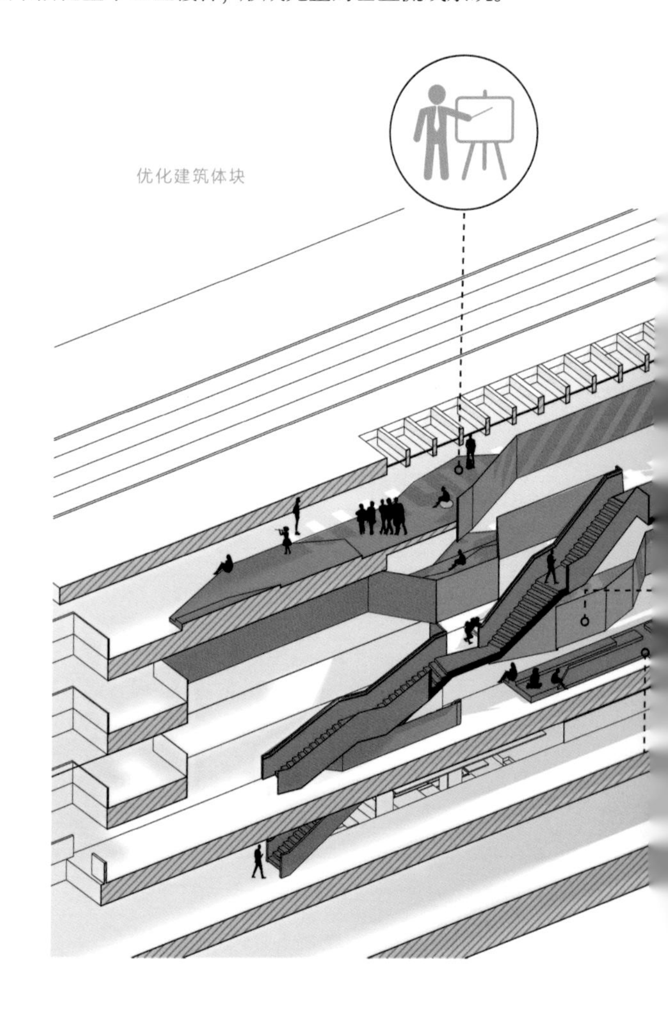

垂直楼梯节点

作为临近玻璃幕墙的垂直空间，设计将整个垂直楼梯改造成一个整体的展示立面，进一步弱化玻璃幕墙的边界感。在确保流线关系的前提下，将垂直楼梯连成一个整体，同时将部分楼梯扭转、交错，形成动态的空间关系。

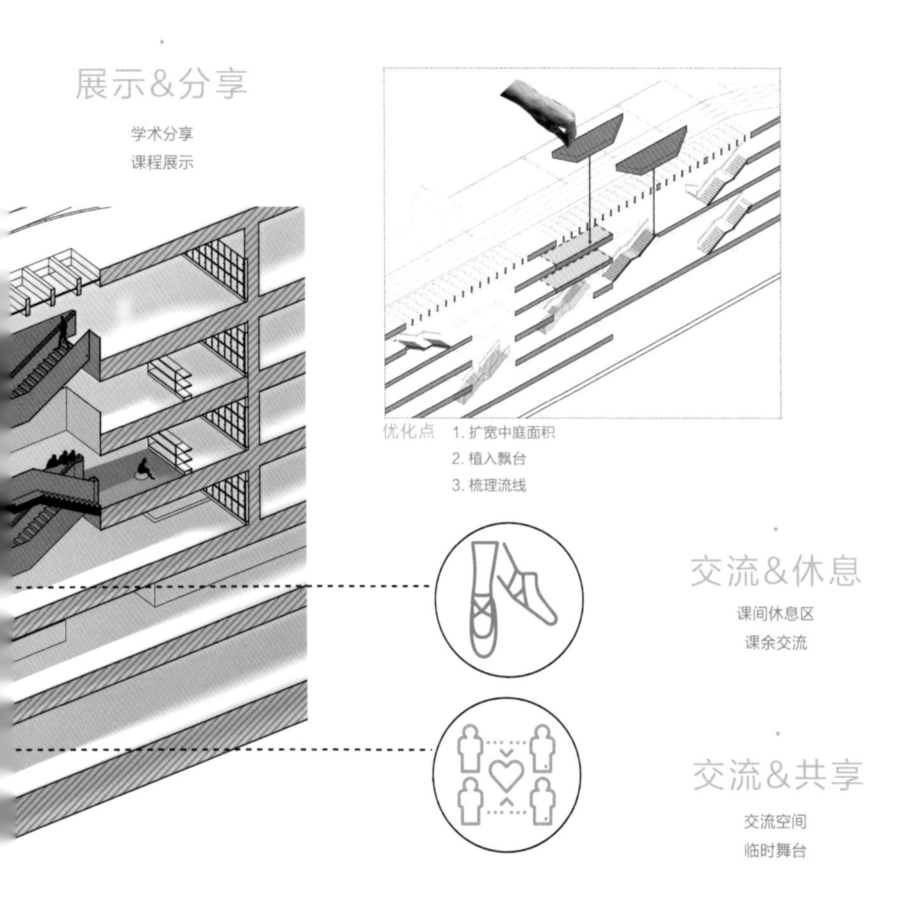

楼梯不仅是楼梯，平台不仅是平台，更是学生们进行探索和创造的场所。结合校园文化背景及学生需求，各层的连接节点都植入了飘台，形成小型的休息、交流共享空间。同时将三层与户外花园连接的平台往外扩出，打破空间边界，将不同空间的区域串联起来。

右

垂直楼梯外部效果图

垂直楼梯内部效果图

知识（knowledge），是人类对物质世界以及精神世界探索的结果总和。在渴求知识、创造想法、制作呈现以后，学生们需要有足够的空间去将知识沉淀，化为自己的底蕴。原户外花园位于四层，仅是一个小平台，功能相对单一且空间单调，平台上方的连廊与其相互分离，设计希望能将二者结合起来，充分利用户外花园的开阔空间，让整个户外花园成为校园中的交流节点。通过共享阶梯的设计，将原本相互

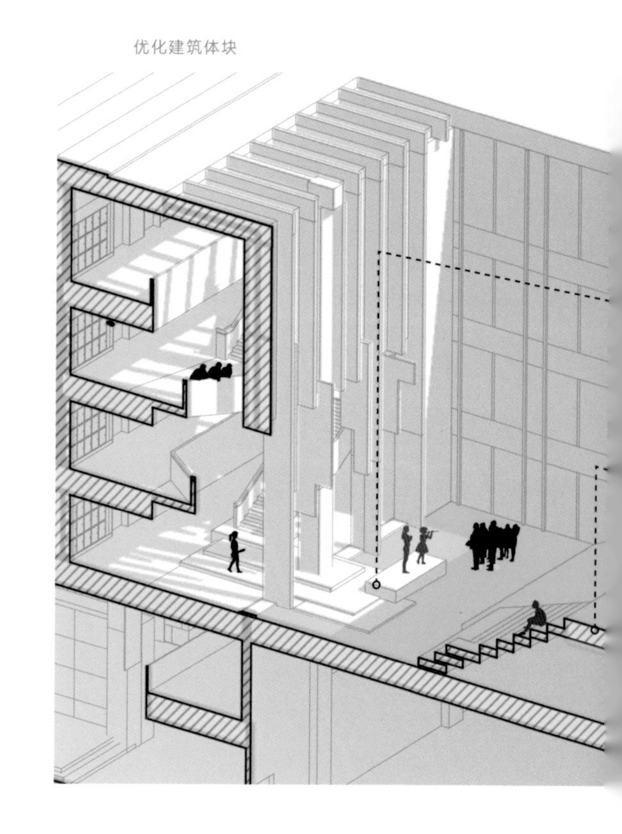

户外花园节点

孤立的平台空间连通，同时延续垂直楼梯的休息平台，打破空间界限，串联不同层级。共享阶梯的设计让人们的交流变得更加方便，在满足休息功能的同时，也提供了更宽敞的学术分享、表演场地。垂直楼梯帮助形成有效的展示立面，让室内外能有视线上的连接。模糊空间界限，在户外休息时也能观察到室内的交流与互动。

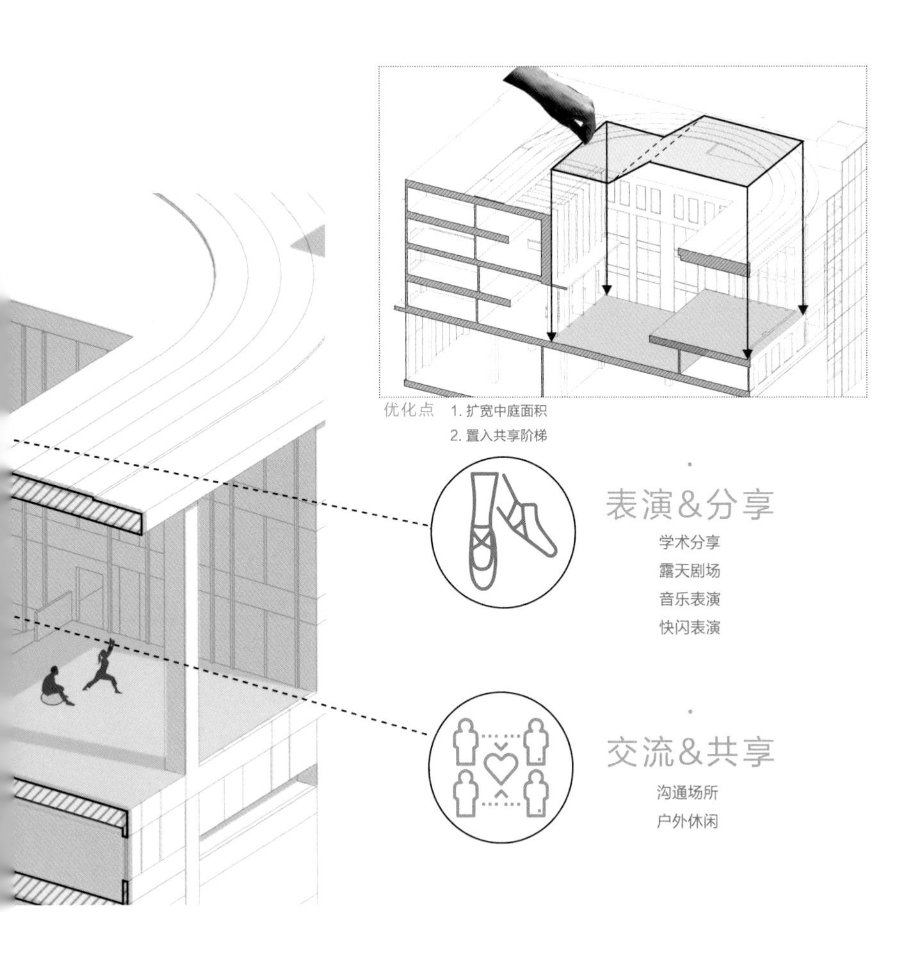

户外花园效果图

开放社交活动

除了四个重点处理的空间节点外，项目对各个空间细部也进行了整合与优化。艺廊咖啡厅是团队进行功能位移的社交空间之一。艺廊咖啡厅位于首层，临近入口大堂，作为学校与社区相交的边界。设计将原本置身于校园内部的咖啡厅重置到学校与社区的临界边缘，让咖啡厅能兼顾营业、教学、社交等多种功能，成为社区人们与学生进行交流、互动的共享活动空间。通过打开校园封闭的有形和无形的边界，改造后的设计让学校能更好地对外营业，吸引社区人群，让社区人群参与到学生的成长中，学生可以在此展示自己的作品或进行社会实践。

艺廊咖啡厅效果图

临时展厅效果图

StellArt

图书馆大台阶效果图

图书馆内部效果图

设计对位于学校中心的图书馆进行了优化调整。图书馆的布局跨越建筑二层、三层，原图书馆只有普通楼梯连接，为增加其空间趣味性及社交属性，在其中增设大台阶，增加休息、阅读空间，更提供了临时进行学术分享的空间。同时，为了能让整个空间显得更加有趣，设计以书架作为空间装饰及隔断，这不仅有效增加图书馆空间的藏书区域，也丰富了空间的结构层次。

标准美术教室位于建筑上层的教学区域。设计通过功能体块的位移调整，重新整合内部功能布局，同时在美术教室内设置天窗，让自然光渗透进室内空间，更好地连通室内与外部空间的界面。设计同

美术教室效果图

时运用相对柔和、舒适的暖色木材进行空间装饰，营造更加开放、自由的学习氛围，让学生们在这里学习、交流、创作，自由地进行艺术探索。

学校正立面效果图

项目小结

面对国际艺术学校的项目需求，复合多元的功能布置与周边社区环境的连接成为项目关注的重点问题。项目为了呈现国际艺术教育特色，采取模糊边界、打破边界、开放边界的方式，对功能空间进行再组织。通过对功能的分析，将能同时对内使用、对外经营的社交功能空间整合到校园的首层与二层。连通社交边界，使校园底层区域变得更为开放。另一方面，设计对几个对外展示立面也进行了优化处理，在保持空间完整性的同时，吸引社区人群进入校园内，进行互动与交流。为了能更凸显国际艺术学校特色，整体校园设计中都运用了比较活跃的色彩，在各个节点，针对空间的不同功能属性采用不同的色彩装饰。综合的设计改造，介入校园不同尺度的空间边界。希望能在保留学校本身运营、教学的前提下，让社区与校园互相渗透、互利互惠，更好地呈现出国际艺术学校开放式的教学理念。

济南市某集团办公文化中心设计

重构空间秩序

项目名称 | 济南市某集团办公文化中心设计

设计团队 | 许牧川、李晓峰、杨尚钊、张仲宁

设计时间 | 2019 年 8 月

项目阶段 | 完成

项目地点 | 山东，济南

项目面积 | 约 16200 平方米

项目坐落于山东省济南市历下区，总建筑面积 16200 平方米。项目设计范围为首层办公大堂及十六层至二十九层东塔楼，其中十六层至二十四层为出租办公及集团办公，二十五层为企业文化展厅，二十六层为员工餐厅，二十七层的顶层则是咖啡厅、健身房、篮球室、空中花园等功能空间。本章主要针对十六层至二十四层的办公区域、二十六层的员工餐厅空间改造及二十七层至二十八层的空中花园改造进行阐述。基于该企业开放包容和人性化的企业文化，项目着眼于如何通过设计，为员工创造更具幸福感、更开放的办公环境。建筑内部采光充足，具有极高的生态可持续性，为员工与访客提供了舒适健康的参观体验和鼓舞人心的工作氛围。设计致力于打破人们对国有企业的冰冷、刻板印象，充分利用自然资源，整合多种绿色设计手段，打造新一代可持续办公建筑的范本。

项目设计的重点在于如何重新梳理与优化现有办公空间功能，打破空间界限，融入企业的精神内核。设计难点在于如何同时兼顾功能空间的高效利用与绿色资源的合理利用，并优化公共空间的展示与标识功能。

设计将企业精神、自然环境和人文关怀作为概念展开的三个主题，重新组织建筑的空间秩序。设计在接待大堂营造充满阳光与生命力的室内庭院，在标准办公层建造具有工业美感与人性化精神的都市开敞办公环境，在建筑顶层设计充满人文关怀的员工之家。三大板块构建起该企业的垂直人文生态系统。

企业建筑外观

与自然对话

居于城市森林，杂乱无章的高楼大厦，拥堵的交通，嘈杂的人群，冰冷的写字楼为每天的工作赋予了沉闷压抑的基调。项目在进行设计之前，与该企业的员工进行了沟通，让他们有机会说出想从工作场所中得到的东西。面对核心商务圈办公环境的局限，人们开始追求更健康、更生态和更具人性化的办公环境，无论从功能上还是心理上，都有一个更高层次的需求。

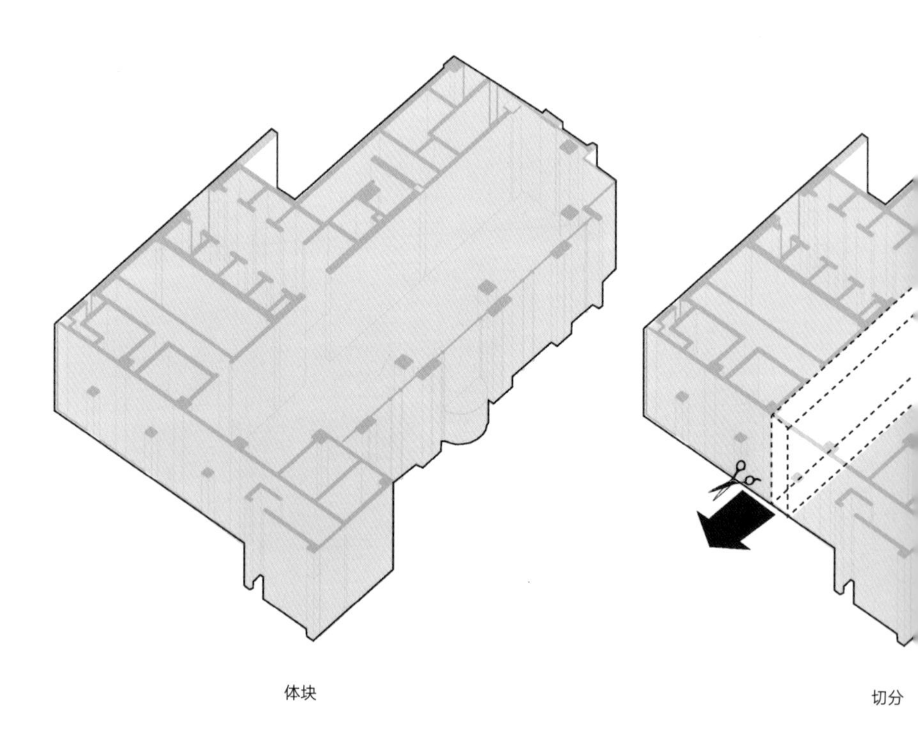

体块

切分

调查结果显示，员工希望拥有充足而舒适的正式会议空间与非正式会议空间和讨论空间。他们也希望拥有更多的团体活动空间、个人冥想的休闲空间以及健身、舞蹈空间，甚至基于当下快速的工作节奏，企业能同时为他们的家庭生活提供帮助等。他们每日都在工作上花费大量的时间，所以一个能相互包容、携手共进的舒适工作环境至关重要。而如何在有限的空间中最大限度地满足各方面需求，充分体现该企业对员工的关怀，就是项目改造的研究课题。

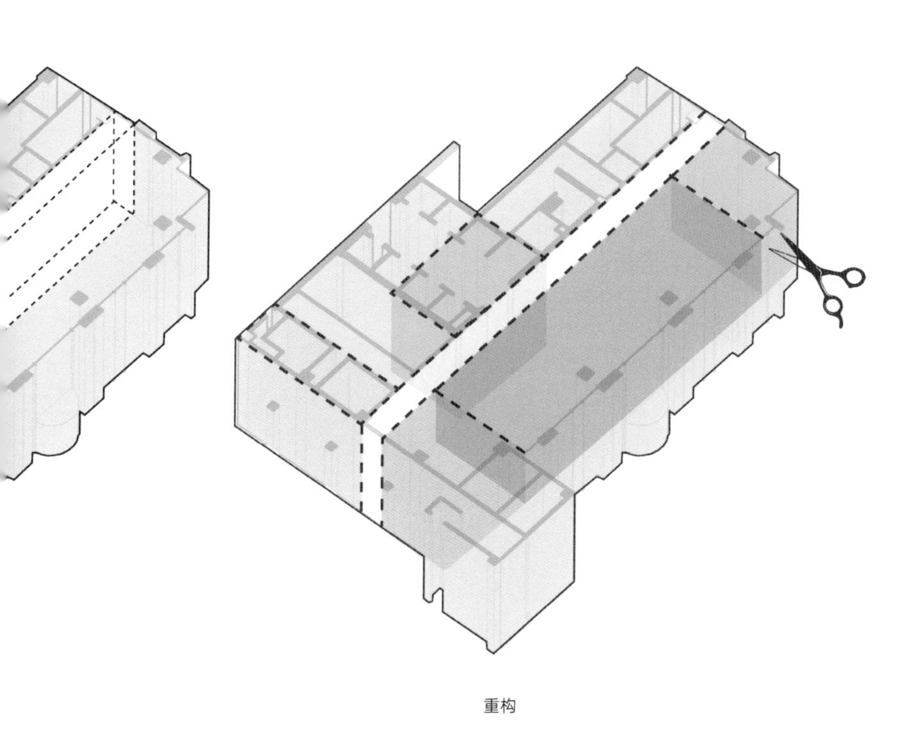

重构

在首层大堂及十六层至二十四层的出租办公及集团办公区域，区别于原本封闭的室内办公空间，项目打破了原建筑空间中室内办公空间边界，构建出一个完整的垂直城市生活社区。通过引入自然、办公环境和人文关怀的设计主题，为该企业大楼带来传统办公空间无法有效实现的独特操作模式。这样操作模式下的办公空间，建立了一种看似消解了边界的“办公景观”。设计把室外的景观环境进行水平方向

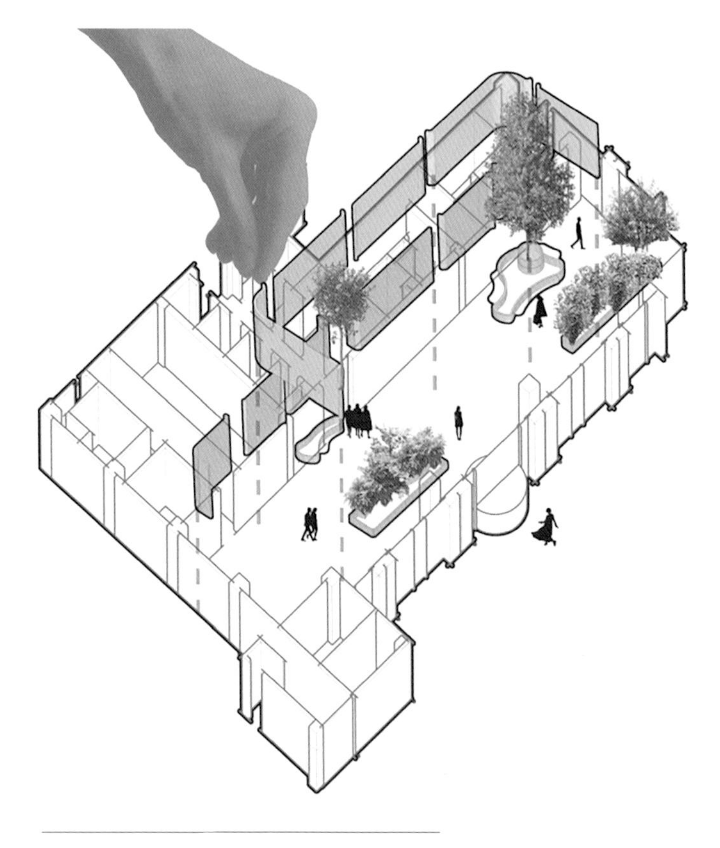

空间的重组和绿色社区的植入

上的延伸，延伸到内部空间，模糊了空间的边界关系。无论是接待大堂的天然植被，还是标准办公层的共享空间，都为员工和访客们提供了一个轻松的室内环境。这也体现了在该企业的环保理念下，开放、高效的办公文化以及人们在室内就能与环境共舞，以欢迎的姿态迎接来客的体验空间，打破了原本相对封闭的办公空间边界。

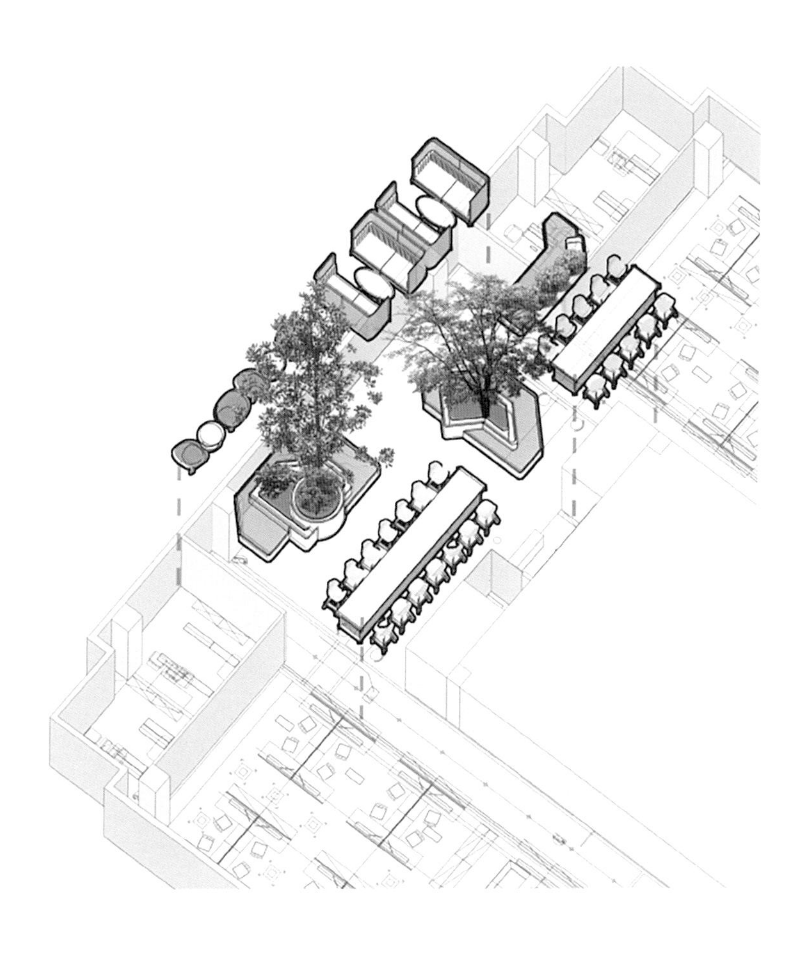

首层接待大堂

标准层的共享休闲区

空间活化

二十七层至二十八层的空中花园为项目的高层部分，原本是一个两层通高的挑空空间。从采光充足的幕墙外眺，有良好的观景体验。但由于原空间高而狭长，有效利用面积较小，观景效果相对单一，连通两层空间的垂直流线也仅有核心筒的电梯。改造考虑对这个空间进行调整，通过设计赋予多重功能，活化空间系统。

二十七层原建筑状况

设计希望通过置入过渡空间的方法，来实现空间的开放及空间的活化。台阶是一种最简单、常见的空间过渡形式，可以丰富空间的层次感。其中高差较大的台阶能形成不同的近景和远景效果，增加空间的递增感，更加丰富空间层级关系。另一方面，台阶也可以在心理上给人暗示和提醒，让人感知空间的动态变化。在打造高差之间的垂直流线外，设计通过造型和功能设计与植物景观进行有机结合，让台阶以自身的形式美与绿植一起成为建筑内部空间中的“室内广场”。

地景化台阶

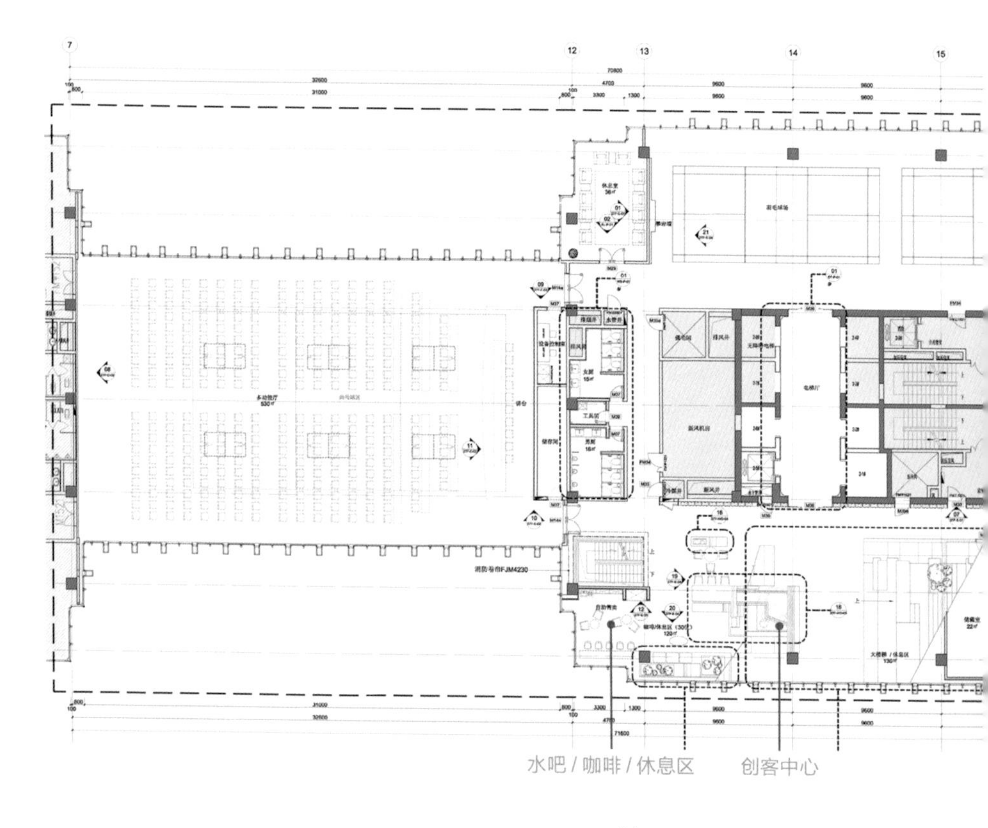

二十七层平面图

二十七层、二十八层优化平面图

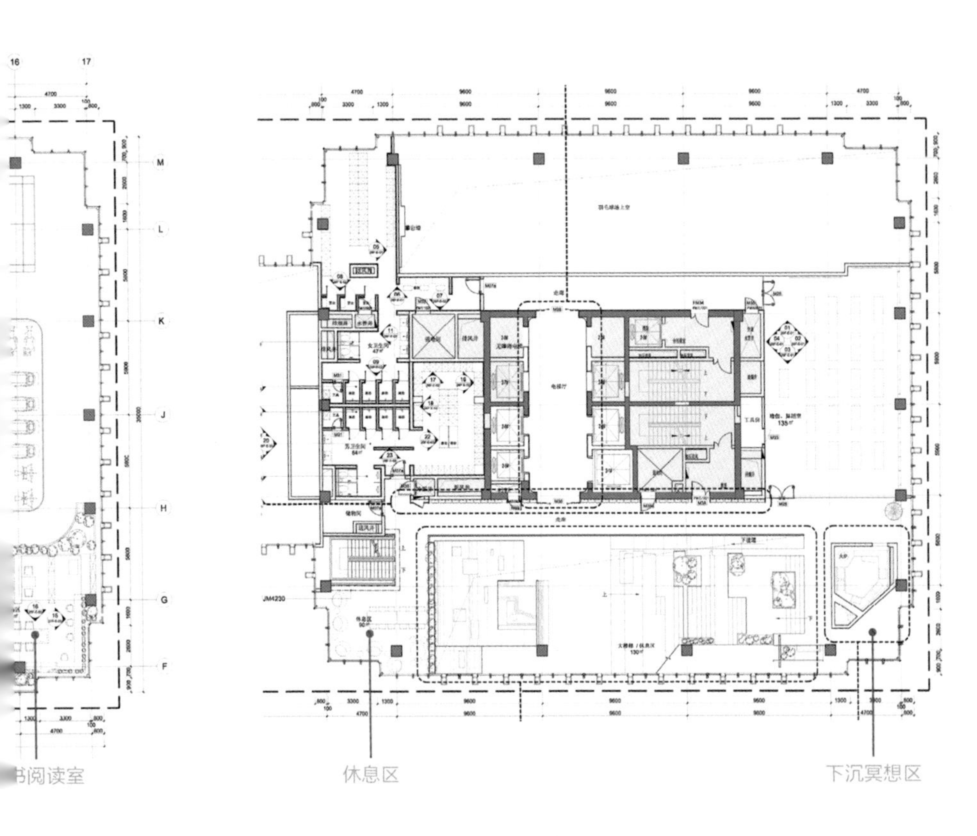

二十八层平面图

设计将台阶以飘带的形式作为主题造型，呈现轻巧而灵动的空间氛围。地景化的大台阶仿佛从地面自然生长而起，与投进幕墙的自然光结合，在中庭空间打造一个令人神往的城市花园。台阶上的位置可供休息、讨论或嬉戏，比起正式的座椅更加开放、自由，使人们能自主选择与旁人的距离。灵活的使用方式可促进人与人之间的互动，重构员工与员工、员工与领导之间的关系，从而打破刻板的阶级关系。我们将功能空间以创新的方式组合在一起，为员工们提供了灵活而开放的工作环境。大台阶作为整个员工之家的核心共享空间，能兼容小型演出、演讲或座谈会等各类活动功能。大台阶的设计有效营造了一个动态的共享互动垂直空间，同时，大台阶的设计也开放了空间边界，进一步连接了其他静态空间，模糊了空间的界限。设计将各个共享空间分置在二十七至二十八层的各个区域，通过共享台阶的设置，让原本相互孤立的空间得以串联起来，充分利用飘带造型划分出来的各个灰空间。同时，透窗孔洞的设计使造型底部空间也变得更加开放、明亮、有趣，进一步营造空间的整体性和流动性。

“揭地而起”的飘带和空间内部的“山峦”庭院

在飘带式阶梯下的空间，设计将原本未利用的灰空间转化为办公中心的“创客小站”，作为开放式的办公环境供人们使用。灵活的透窗设计连接大台阶的视线观景，打开了原本封闭的空间。自然光与内部空

多功能共生的台阶

间有机结合，形成通透、明亮的场景。桌椅的暖木色调与绿植进一步增强空间氛围，呈现仿佛置身于后院花架之下的柔和感。

“山顶”风光

创客小站

透窗设计

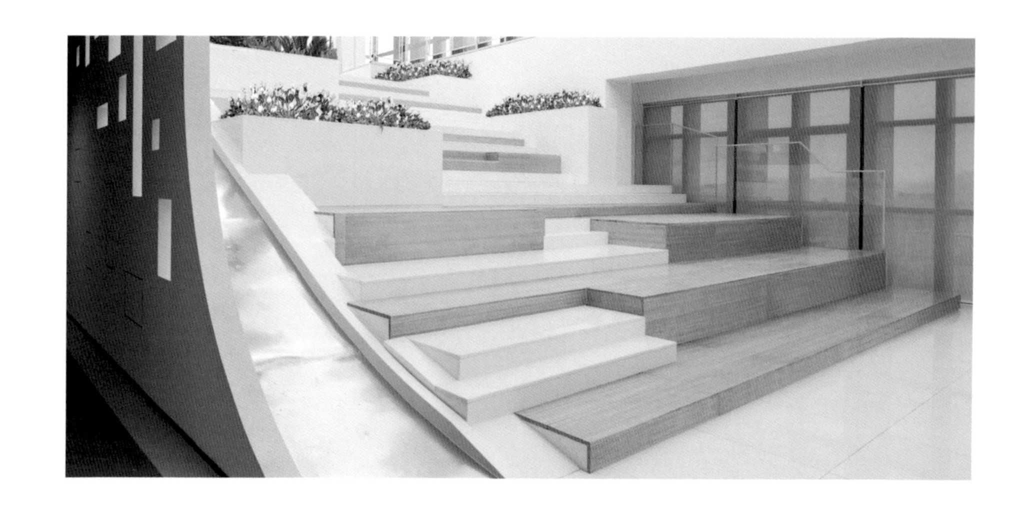

共享平台造型

台阶景观

设计采用层次、意境、扩散、叠级等设计手法，塑造人与自然的和谐共融关系。植物墙、空中庭院、充满呼吸感的通透空间，结合绿植木色的搭配，给人以身处自然的舒适感。光线可以从不同角度透进

共享平台台阶

室内。在观景、造形和主题上，将室内空间与窗外的风光有机结合，让空间呈现开放的姿态。

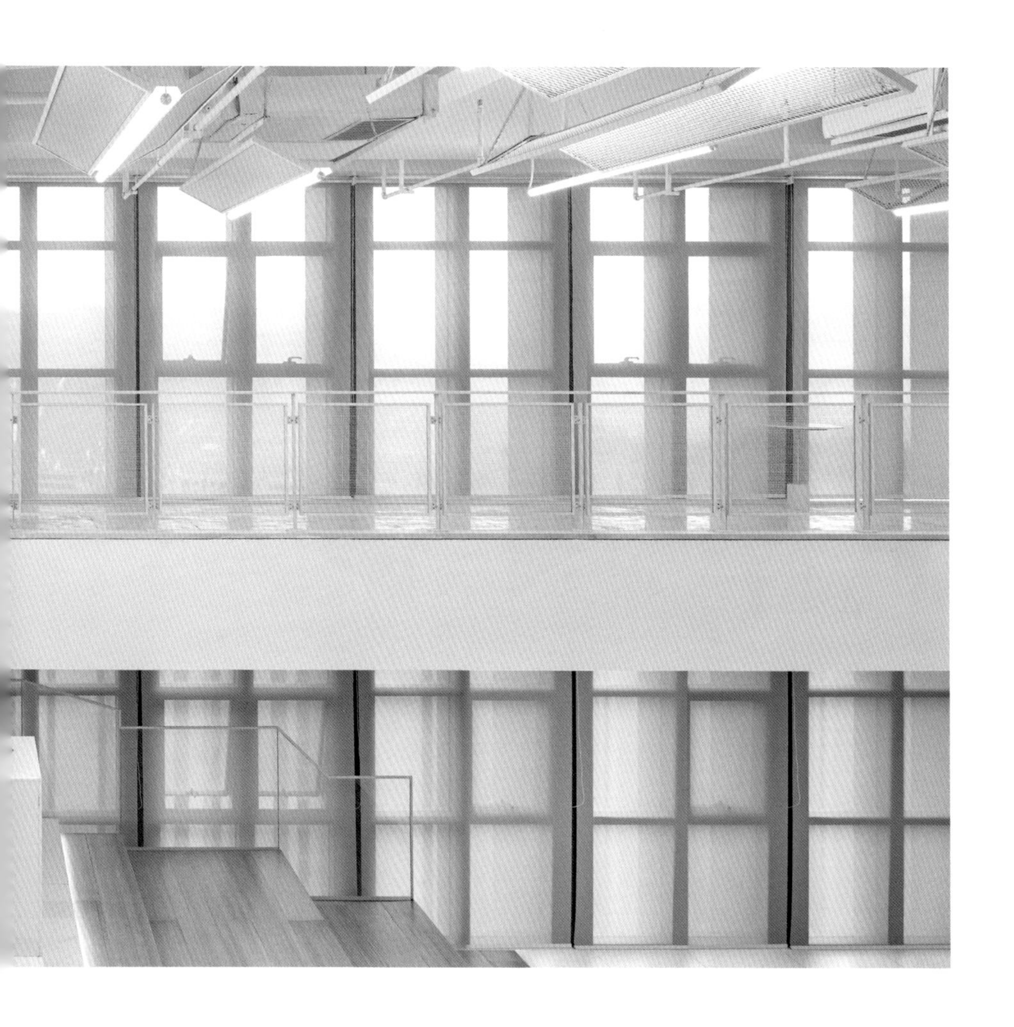

餐饮空间共享

在节奏越来越快的当代办公环境下，餐饮空间的设计越来越被重视。二十六层的员工餐厅也是我们着重处理的另一个重要空间节点。作为办公层与高层休闲的垂直衔接，希望在这里能呈现传统印象中单向的层级关系，让人们得到轻松、开放的就餐体验。业主力求将本餐厅打造为该区域的“员工餐饮文化名片”，为使用者提供就餐、洽谈等功能需求。项目对餐饮空间展开了新的探索。希望从历史长河中挖掘出“员工餐厅”的由来与演变以及在不同时期“员工餐厅”对效率与层级所呈现出的空间形态，以此得到属于我们当下时代迫切需求的效率空间，用全新的食堂环境呈现新的就餐体验。

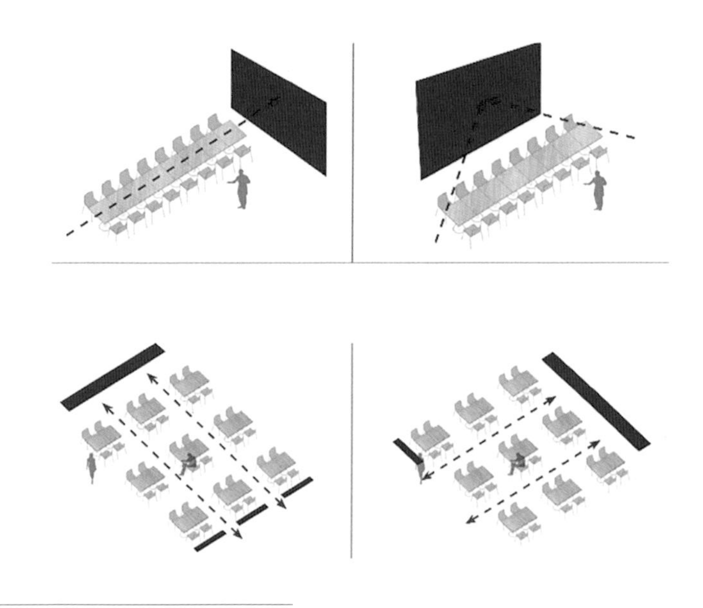

对不同类型饮食空间的结构分析

基于拼贴记忆片段的手法，项目提取历史节点上的古、今、中、西的不同时空片段进行解析。这样的做法并非为了复刻历史印象的完整叙事，而是为了提取历史节点中的元素，转译到当代空间设计中。项目在概念衍生时，围绕宫廷文化中具有等级制度的廊餐、西式文化中的自助餐、新时期公共食堂范式三个主题，进行溯源与解译。将不同的历史片层碎片化，融入方案的空间设计中，对“员工餐厅”的概念进行一次全新的思考。

在传统印象中，国有企业分工明确、格局稳重，人们各司其职。项目作为一个国有企业餐厅，改造设计便是打破层级明确的空间格局，摆脱固有印象中的企业传统食堂的公务感和界限感，在食堂空间呈现更平等、轻松、开放的就餐体验，使人们在食堂中摆脱日常工作的束缚，得以沟通，促进企业内部的交流与发展。设计借鉴西方传统自助餐式餐饮文化中比较轻松、无拘束的就餐体验，和新时期公共食堂“大锅饭”的平等形式，彼此借鉴融合，提取出此项目中的散点化空间布局。

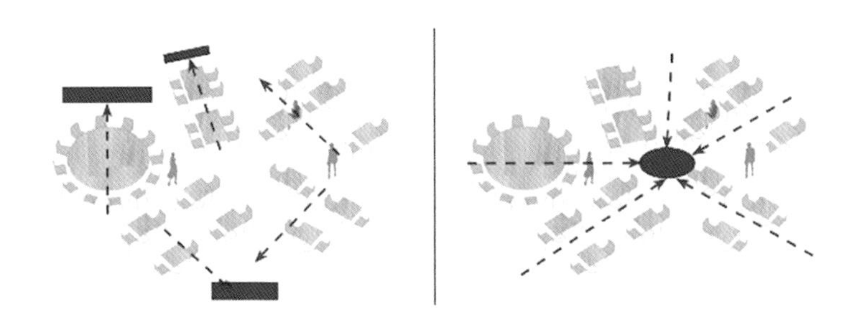

改变原有轴线关系的节点

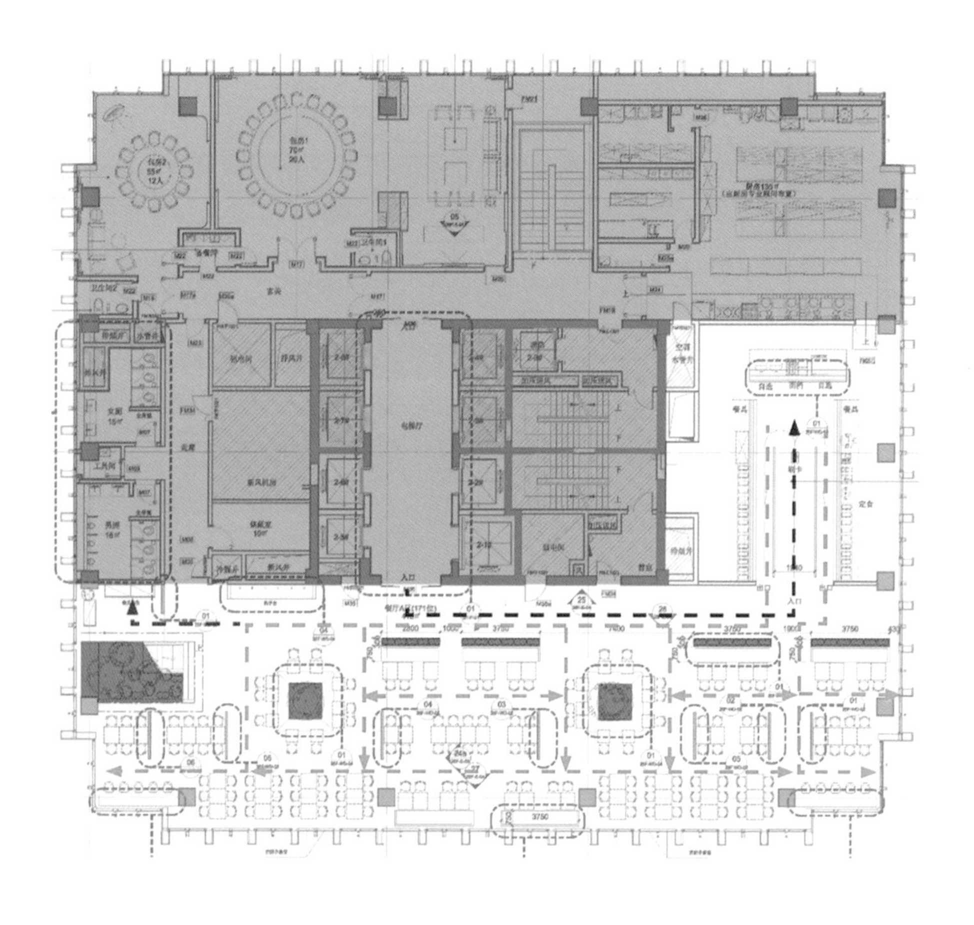

取餐流线

就餐流线

回收流线

绿植分隔

隔断分隔

员工餐厅平面图

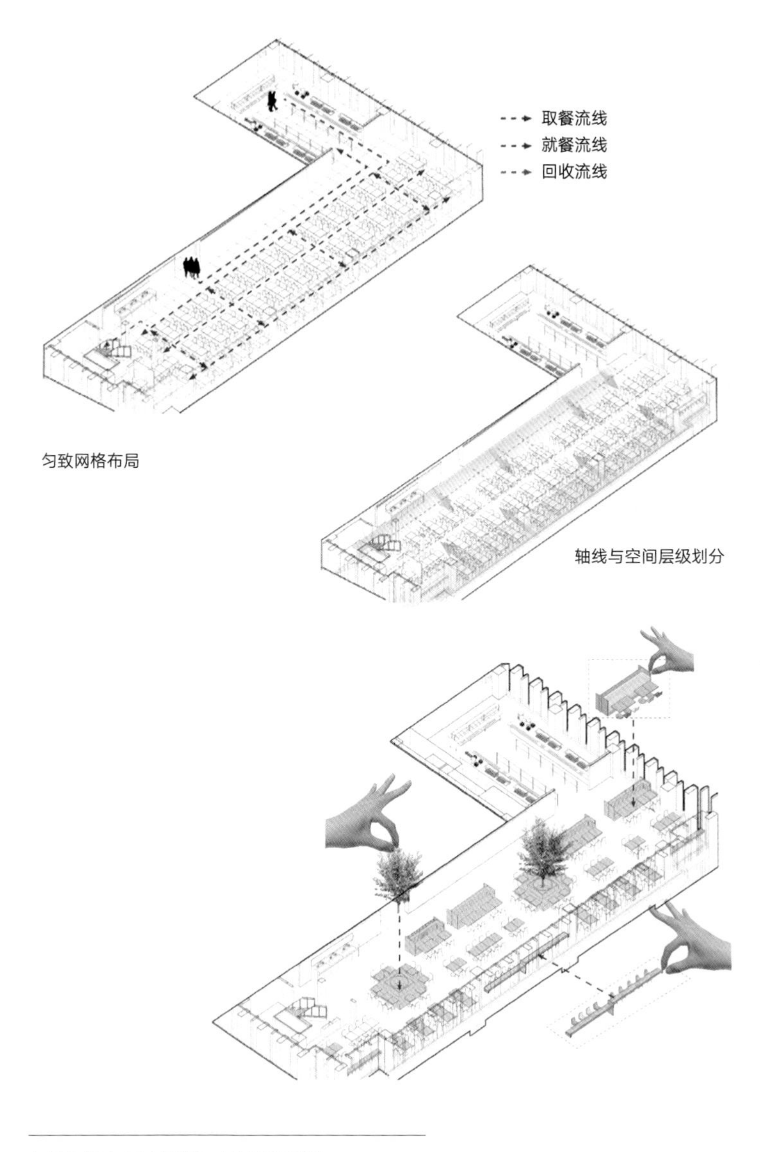

匀致网格布局 / 轴线与空间层级划分

多样化空间布局与绿植分隔

项目弱化层级性的首要工作便是调整流线与视线关系。在员工流线、视线关系、就餐区域的作用下，就餐座位的层级性会受到影响。靠近取餐流线的座位私密性低，层级降低。靠窗排列的位置离公共区餐点距离远，相对私密，自然光和透窗的有效观景效果可以进一步增加就餐的舒适感体验，即这一区域的座位层级升高。项目一改整体空间中传统的匀质网格布局，通过将轴线与空间层级的深浅划分设置引入项目。在空间中制造出分散式的空间焦点，并在这些空间焦点上设

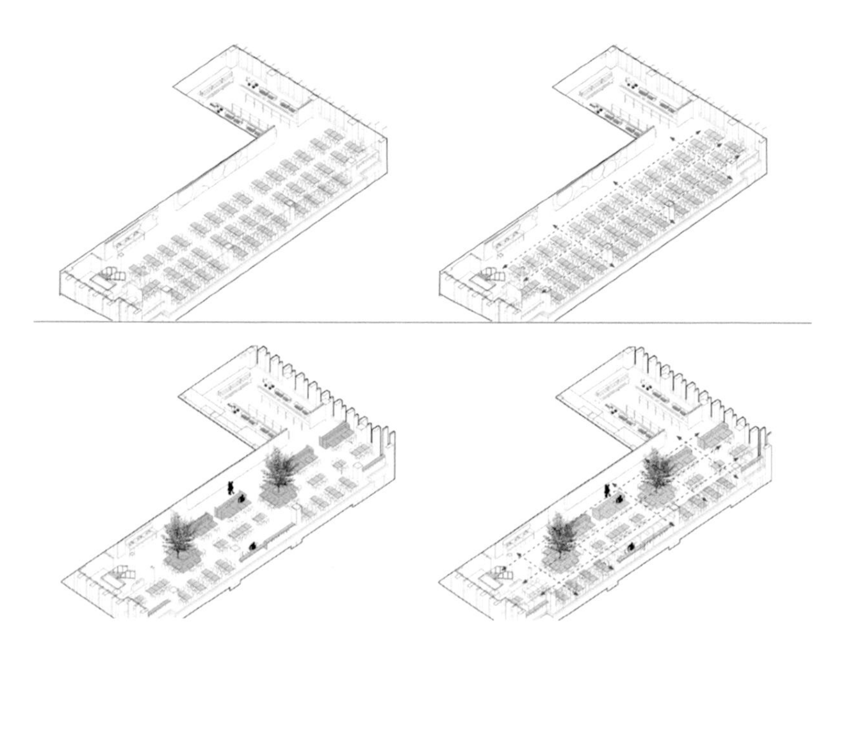

空间层级分析

置如植物景观或者镜面装饰。植物景观使原本均质的空间格局产生变化，模糊空间边界。每个景观点都成为一个新的小中心点，由此将原本单向的空间网格关系变成多个就餐的小中心，以散点的形式分布在食堂空间中。在这样的空间层级安排下，原本强调绝对平均的空间被视线与景观划分为不同的空间深度，每个新的小中心点随其不同的分置关系，呈现各自主题的空间体验。

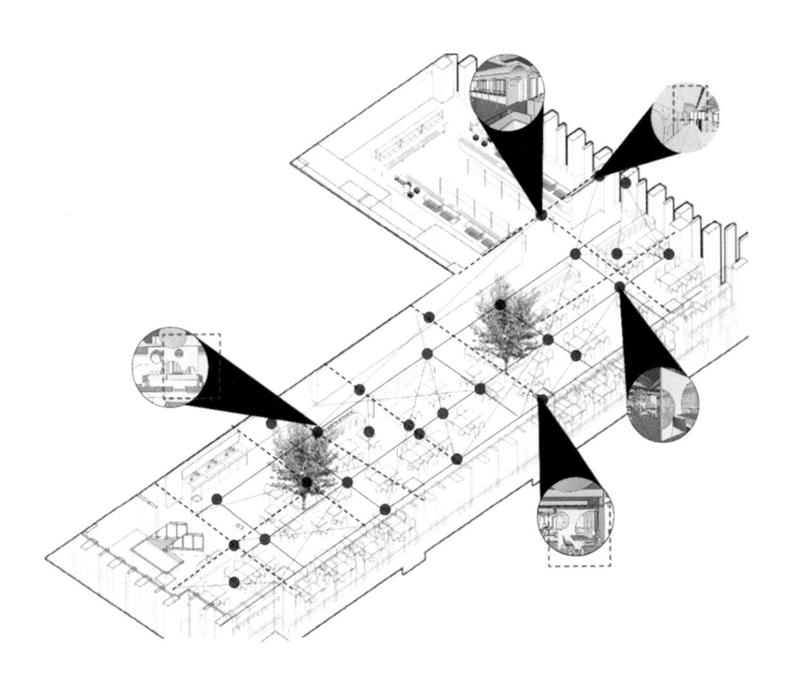

视线引导方案

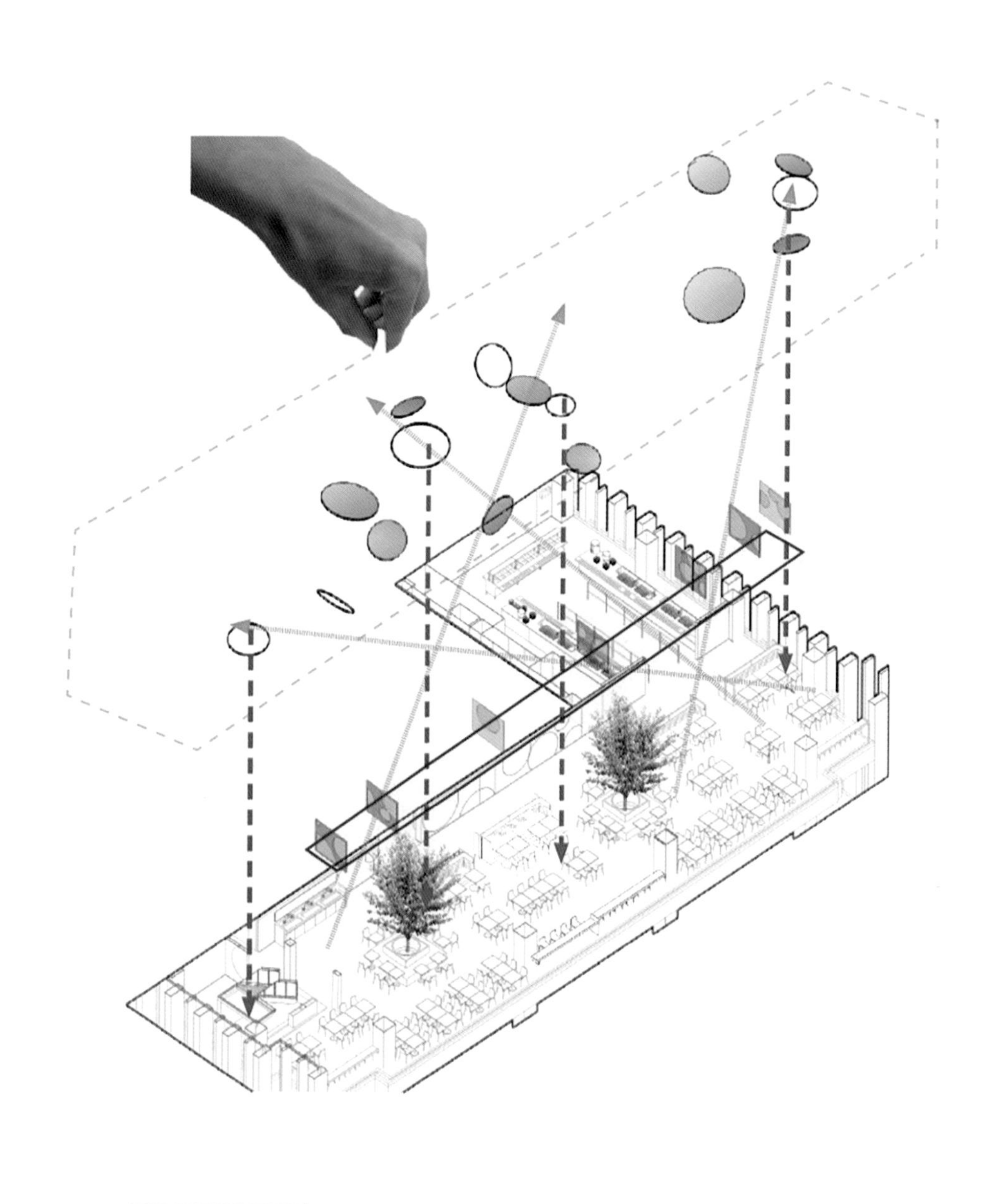

视线点分析

项目在设计中，对每一组座位的视点在空间进行了考量。视线点在空间边界处会形成可视的剖切面。设计通过镜面、吊顶、隔断等室内元素的处理，进一步强化引导这些具象的视线，塑造这个空间氛围下的观感体验，使人们的视线得以穿透，让空间呈现边界模糊的状态。通过特殊节点的设计，将具象化的视线集中在空间中的景致、食物上，从而弱化食堂层级区分在就餐体验与交流视线中的影响。顶棚上的镜面造型，在有效增加室内观景和交流的视线呼应时，也一定程度上增加了空间的尺度感知。置于顶棚的镜面作为一种设计元素，与就餐区内的屏板隔断、墙面的孔洞造型以及顶棚上的灯具形态相呼应。不同分区的设置，除了增强空间视觉的焦点，也引导了人们的视线点。就餐人员无论坐在餐厅的哪个地方，都能有更平等、开放、便利的就餐体验。

员工餐厅座位区

员工餐厅取餐走廊

左上
员工餐厅卡座区

左下
员工餐厅座位区东区

右下
靠窗位长吧台

几何隔断的设置打破了一望到底、单调通长的空间，弱化了空间原本过于强烈的层级感。基于对视线关系的考量，设计在隔断立面上确定切面与开孔的位置大小，同时使用钢网的材质对视线进行虚化的遮挡，有效地实现空间中的视线方向和焦点的设置。不同的孔洞位置引导高低错落视线的空间布局，丰富了视觉层次。

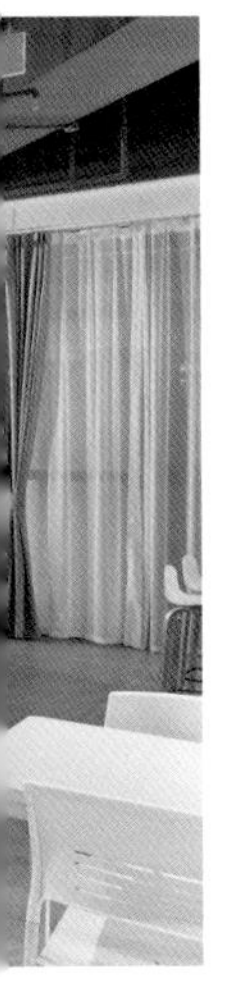

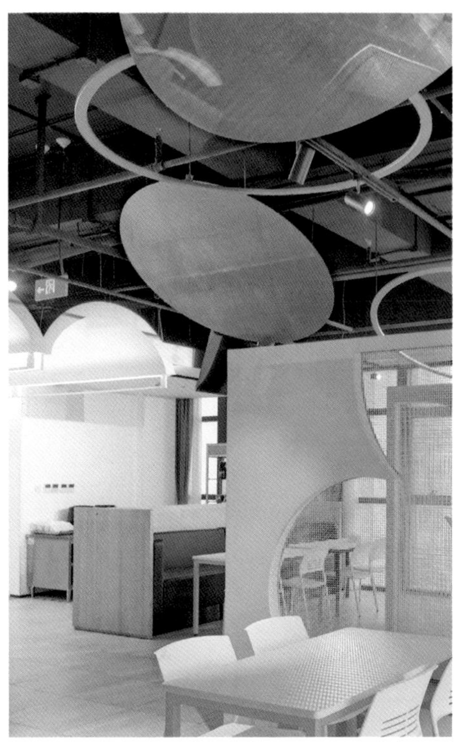

左

员工餐厅取餐区入口

员工餐厅南面过道

员工餐厅顶棚局部

员工餐厅座位区西区

项目小结

本项目通过对空间中人与人之间的关系进行重新思考，用创新的设计语言，阐述对企业文化与城市生活的印象。办公空间的改造将自然光景引入室内空间中，同时利用绿植元素和共享阶梯，对公共活动区域进行多元设计，增加人与人之间可交际的不同功能场所，弱化空间原本的距离感。员工餐厅的改造中，设计根据餐饮空间的不同功能属性，从人们的使用感受出发，从视线与流线上进行设计回应，弱化餐饮空间中无形的层级边界，用不同材料和造型元素，连通不同的空间界面，形成更轻松、活跃的共享空间体验。

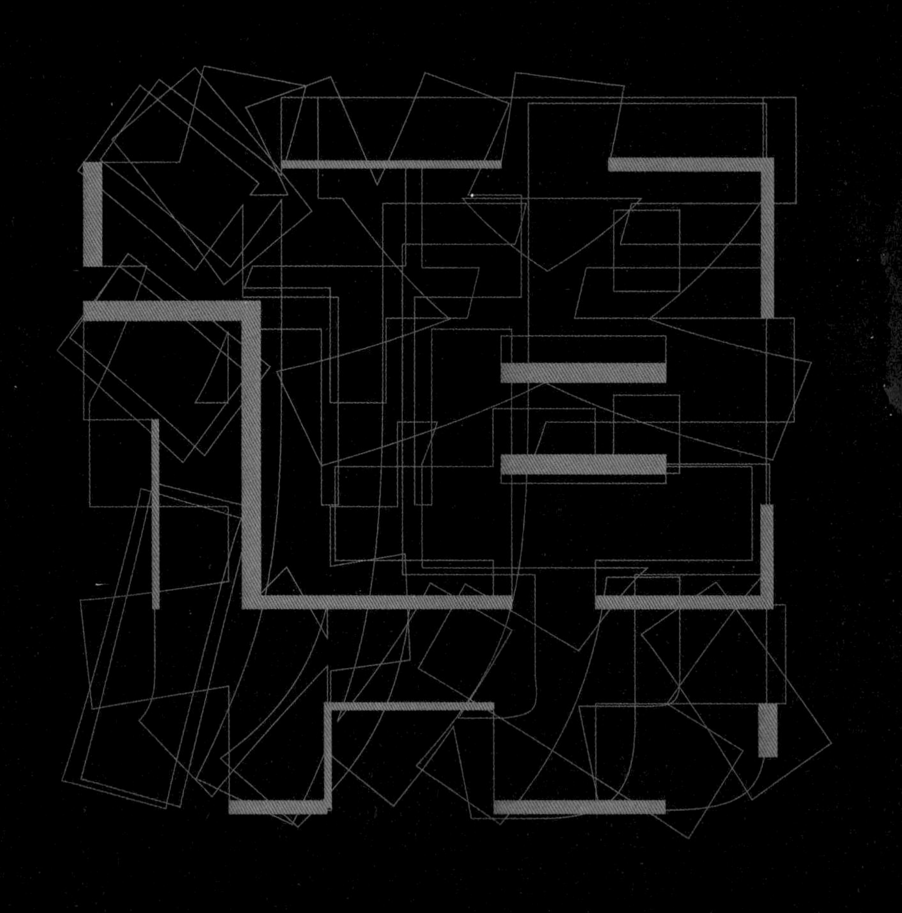

溯源与转译

济南市悦苑酒店方案设计

广州市岭居酒店设计

溯源历史片段　转译空间创新

“溯源”的对象并不是宏观意义上完整的历史叙述，其导向的结果也不是纯粹意义上平铺直叙地“还原”或“复刻”历史。福柯（Michel Foucault）的知识考古学主张以微观的视角对历史叙述的断层、矛盾和转变进行批判思辨的考察，通过建筑、物件、文本等的解读与分析，建构出宏观的历史发展脉络之下，历史和时代的内部所隐藏的更为复杂与多元的内涵意义。[1]“溯源”的目的在于“转译”。基于对历史背景的考察，设计并非平铺直叙地再现一个传统叙事场景，而是通过将具体的事物作为历史中“碎片化”的元素进行提取，包括有形的原建筑结构、材料和场所环境和无形的传统生活习惯甚至审美印象，以现代的设计表现形式对其进行再加工，生成适用于现代都市空间中的新语汇。

本章介绍的两个酒店空间项目，都将“溯源”作为构建全新设计认知的思辨方法，以片段化的形式将历史概念转译为灵感元素，作为场景设计的支点，呈现出全新的空间演绎。这种介入空间改造的态度与方式，一方面以微观的方式延续了历史的印记。尤其对于空间改造与更新类的项目来说，新的空间在细部通过比例尺度构成方式和形式装饰美学上与老建筑相协调，体现出对旧建筑的历史文化特征的尊重与保护，让改造部分和新的空间系统与功能造型并存为新的空间整合转型；另一方面，这也说明了宏观的表皮之下历史文化所显示出的复杂意义。设计中对于建筑历史文化背景的考察，是为了对特定的主题和元素进行诠释和演绎，以具象的视角呈现空间的更新与融合，让城市文脉特征和建筑风格形式以新的方式动态延续与发展。在济南市悦苑酒店的方案中，设计展开充分考虑原址所保留的江西会馆大殿建筑结构，在保留历史印记的基础之上，通过对传统江西会馆这一功能空间的使用方式和空间路径进行转化，与现代社交行为模式相结合，构建为酒店空间的行为路径和空间特色。

空间中场景建构的重要意义，令人联想起屈米（Bernard Tschumi）1976年所创作的一系列电影剧本式的城市建筑图像（Screenplays），以探究事件发生的场景能如何影响相应的建筑空间形式："没有不具备行为意义的建筑，没有缺少事件发生的建筑，没有毫无程式规划的建筑（There is no architecture without action, no architecture without event, no architecture without program）。"[2] 建筑的角色好比电影或小说，能够讲述一个故事，而空间是特定的文化和概念场景下相应产生的感知体验。本章的两个设计案例都想通过主题示意特定的场景概念。悦苑酒店的方案设计尝试以江南游客的身份代入空间的体验路径，以"故园新知"的叙事演绎传统江西会馆的当代场景。广州市岭居酒店设计则以"邻里关系"的场景形式为出发点，将街巷的关系置入首层大堂至餐厅的空间路径。这样的场景建构又非绝对化地还原传统认知中的历史形象，而是希望通过一些无形、微量的设计元素作为提示，让人们自己从行为路径出发，通过自身的场景模式，建构其特有的空间印象。

溯源的方法将思辨的历史考察作为构建全新设计认知的灵感来源。“转译”，关注的是如何通过空间呈现有叙事概念的场景，而场景又影响着人们对更新后的空间和环境产生的体验。这样的方法也实现了对历史碎片的灵活叠加与拼贴，仅将历史时空中的特定元素进行提取与转译，而不受限于原建筑空间的表层反映出的所谓“完整感”和“历史感”。而对历史的微观分析与演绎，是为了让新商业空间形态更好地承接原城市建筑空间所包含的有形的历史与文化，为旧的建筑空间形式注入新的生命力，将其转化为现代生活和社会的整合部分。新与旧元素复合的空间更新，也关注复杂的历史过程中城市和建筑空间发展的重要意义，反映并记录着人们在其中不断变化与更新的生活方式。

1 FOUCAULT M. The Archaeology of Knowledge [M]. London: Routledge, 1972.

2 TSCHUMI B. Screenplays, 1976 [Z/OL] Bernard Tschumi Architects [2021-08-22]. http://www.tschumi.com/projects/50/#

济南市悦苑酒店方案设计

故园新知演绎

项目名称丨济南市悦苑酒店方案设计

设计团队丨许牧川、李晓峰、杨尚钊、蔡敏希

设计时间丨 2019 年 8 月

项目阶段丨完成

项目地点丨山东，济南

项目面积丨约 16200 平方米

项目位于济南古城片区的核心区域——百花洲，此为济南市“天下第一泉”风景区，毗邻大明湖景区，东至泉乐坊及岱宗街。青瓦黛墙的传统四合院，河间垂柳和泉池串流，游人如织，描绘出一幅老济南的优美画卷。百花洲片区以翻新的古建筑群为主，不同的文化保护

百花洲悦苑项目位置

类建筑散落、分布其中。项目涉及一座板梁结构的仿古建筑以及两座保留下来的历史文化保护建筑，以及部分旧厂房和仿古建筑群。项目占地约 9800 平方米，建筑面积约 16200 平方米。

项目改造前航拍照片及建筑性质分类

项目的主体建筑是济南江西会馆，历史上称万寿宫。会馆北至思敏街（今大明湖路），南临东、西万寿宫街，东到钟楼寺街，构成两组对望的方形区域。随历史自然演变和多次城市景观的翻修改造，项目中的建筑多为旧工业厂房建筑及后来翻修的现代板梁结构仿古建筑。其中仅有江西会馆大殿及东南侧厢房保留了历史容貌。

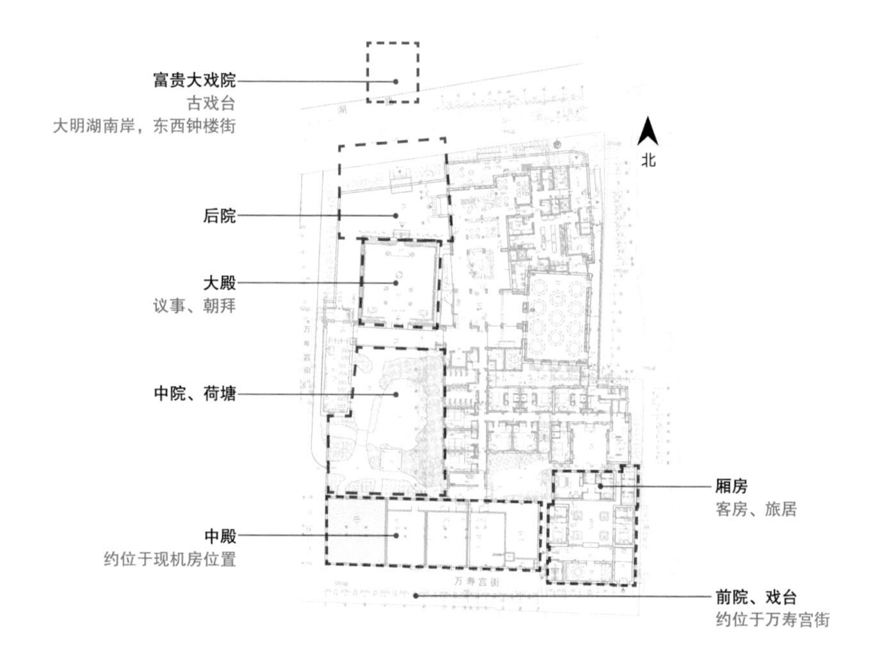

依据历史文字考据推理济南江西会馆原布局图

溯源会馆空间

江西会馆对江右商帮的特别意义，让项目得以从“溯源”的角度出发，考察历史上会馆作为商业居住空间的使用方式。项目选定“故园新知”作为设计的主旨理念。通过转译提取江西会馆的传统元素与文化，建构设计的形式框架，在原本传统的建筑中赋予新的构成、材质与肌理。

济南江西会馆古时被誉为济南十大会馆之首，也是济南规模最大的商业性会馆。江西会馆建于清代，为旧时济南江西同乡会联谊后筹集各路客商资金而建的集会场、娱乐、游憩于一体的公共活动场所。江西会馆是一个交流、议事、互助的会馆，一座教育江右子弟、传播江右文化的学校，更是江右商帮的精神家园。基于溯源考察历史片段的思维模式，案例同样将历史印象的处理作用于当代设计语汇，而非刻意营造、呈现具有历史感的叙事空间。

设计展开过程中，以江南游客的视角，营造想象的场景路径。在古老的大殿中，游客穿行拜会，行至浪漫的戏台下，或前往殿内的欢庆宴席，最后在荷塘边的厢房安然入梦。通过想象的场景，设计将概念中的行为路线呈现于现在的改造项目中。设计团队基于对江西会馆原有的功能结构与路径的分析，用崭新的社交空间与新派的艺术形式对大殿、古戏台、餐厅及厢房的空间组织进行诠释。在传统的建筑与文化元素基础下，将江右商帮的入园、拜会、宴请、旅居的场景转化为现代生活的起点，吸引各方旅客来访当代空间语境中的江西会馆。

汇友巢“摇会”

DHAWA NEST “A DICE TO ALLOCATING”

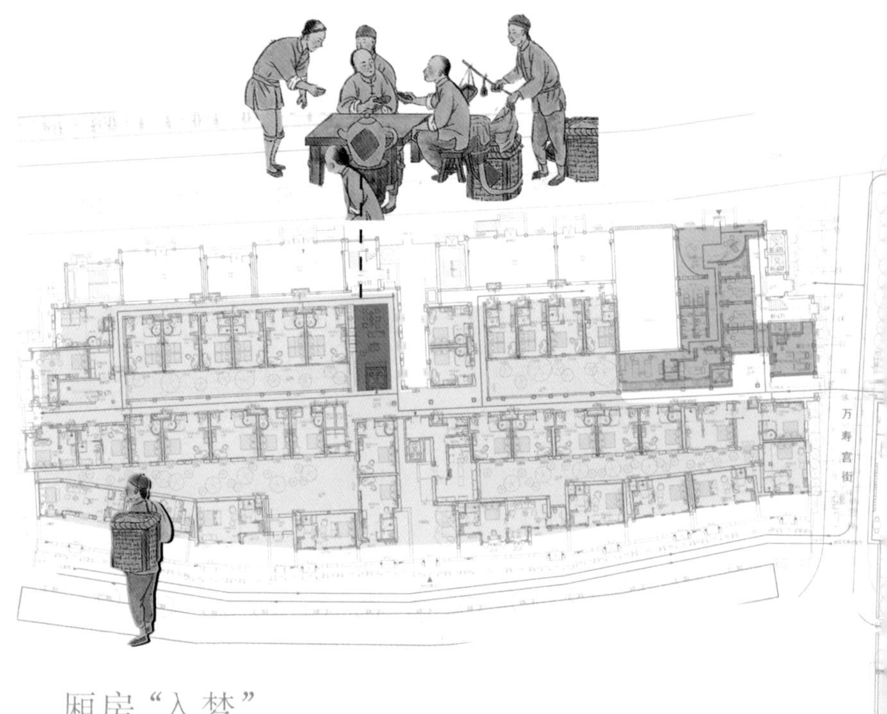

厢房“入梦”

WING ROOM “DREAMLAND”

江西会馆历史介入酒店空间

大堂“拜会”
LOBBY “MEETING ”
餐厅“开宴”
DINING HALL“FEASTING”
宴会厅“听戏”
“OPERA” BANQUET HALL
厢房“入梦”
WING ROOM “DREAMLAND”
万寿宫街

大堂吧效果

“拜会”大堂酒店大堂及多功能厅平面位置

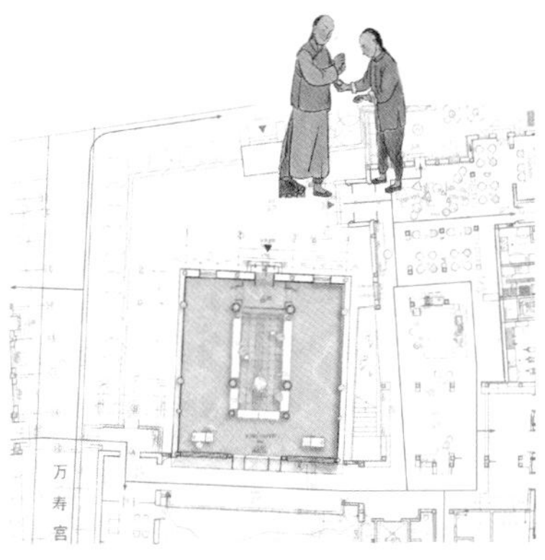
万
寿
宫

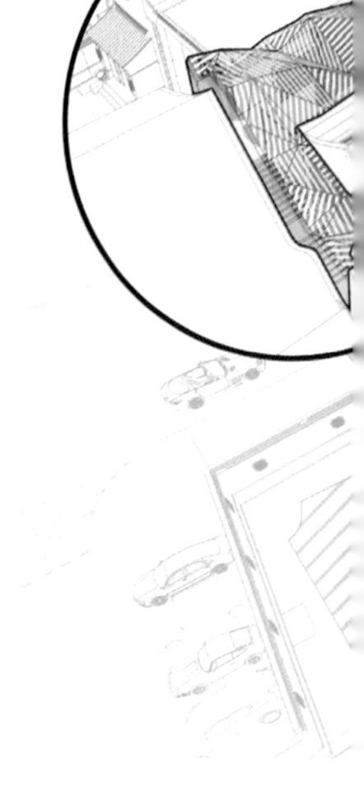

大堂空间改造前照片

改造前航拍图及改造分区

酒店大堂是宾客留下深刻印象的核心空间。项目的重点是对酒店大堂的改造。大堂及大堂吧的选址位于江西会馆大殿的东侧首层的C区、户外花园A区及连廊区域，功能上承接了江西会馆大殿的接待功能。大堂区域建筑属于早年修建的现代仿古水泥结构建筑，空间扁长，立柱密集。

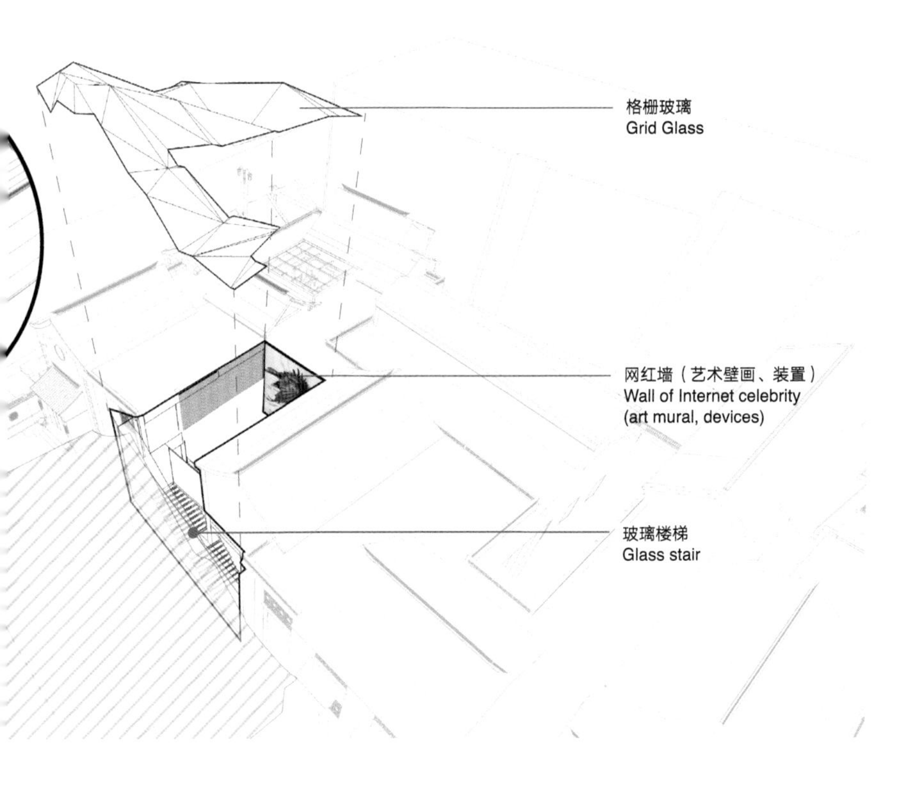

大堂、大堂吧建筑改造示意图

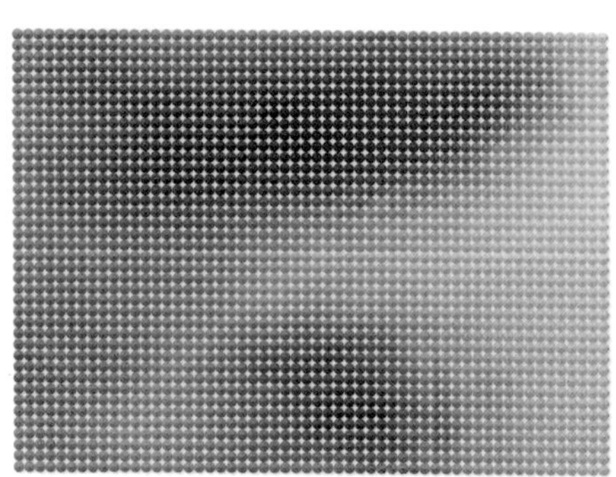

“拜会”大堂效果图

大堂一千零八扇由七彩琉璃制成的伞艺术装置

项目酒店大堂及大堂吧定位为空间开阔的公共区域，部分可作为二层全日餐厅的扩展用餐空间。因此，项目在进行建筑改造时，从相对开阔的原建筑的户外花园 A 区入手，拆除阻挡视线的连廊，将 A 区与 B 区连接成为一个相对开阔明亮的空间，同时为了保留原空间中户外花园的开阔感，A 区与原连廊天面与 B 区里面采用了格栅玻璃顶棚进行封闭。将原 A 区户外花园作为酒店大堂的中央区域，也可同时满足管理方对大堂南面公共区域的服务需求。

大堂概念同样来自大明湖畔的夏雨荷（历史原型为纯惠皇妃苏氏）与乾隆皇帝的爱情故事。设计采用抽象、简化的手法，提取“夏雨荷”故事中的雨伞、荷叶、折扇等意象元素，用现代的表现手法将其体现于大堂与大堂吧的顶棚、墙面、装饰和铺地设计中。琉璃制作的雨伞阵列与镜面荷叶，在大堂与大堂吧中形成强烈的装饰效果。颜色运用上，使用了济南戏曲的丰富颜色进行氛围营造。

改造的第二个区域是江西会馆大殿，是原江西会馆的中心区域。江西会馆大殿作为两座木梁结构的原历史建筑之一，是江西会馆现存面积最大的木梁结构古建筑。建筑东西长约 15 米，南北跨度 17 米，属于一座罕见的“宽大于长”的建筑。房梁为五架梁，粗大的立柱以及硬质木材雕花窗，构成了宏伟的殿堂式木梁结构建筑。格局方正，具有浓重的仪式感。江西会馆大殿是项目溯源考察的重点对象，目标是用现代语汇对其空间场景进行有效利用，将保留的历史痕迹进行合理转译。

江西会馆大殿现场概况

考虑到项目中的大殿是历史保护建筑文物，设计在原则上不对建筑原结构进行改造。保留原建筑的木梁结构与原建筑的方正布局，同时在力求还原江西会馆大殿历史职能的基础上，将其修复翻新。设计排除了使用传统建筑改造时增加相应功能管线的方式，而将管线埋入地下，将空调、排烟等原本暴露在外管线引入室内空间，保留了原建筑室内的完整性、一体性。

以现代社交行为出发点，设计团队将传统江西会馆大殿中的部分元素进行抽象提取。基于对江西会馆大殿的历史使用形式的考察，结合大堂多种使用方式的可能性，将大殿的空间功能合理转化为更新空

现代社交空间分析图

间中常规的功能存在。传统江西会馆大殿中喝茶、商谈议事等附属职能，在设计中通过现代的形式重新演绎，转化为酒店接待、酒店宾客举办私宴、商业发布及艺术展览等活动的主要会客厅。

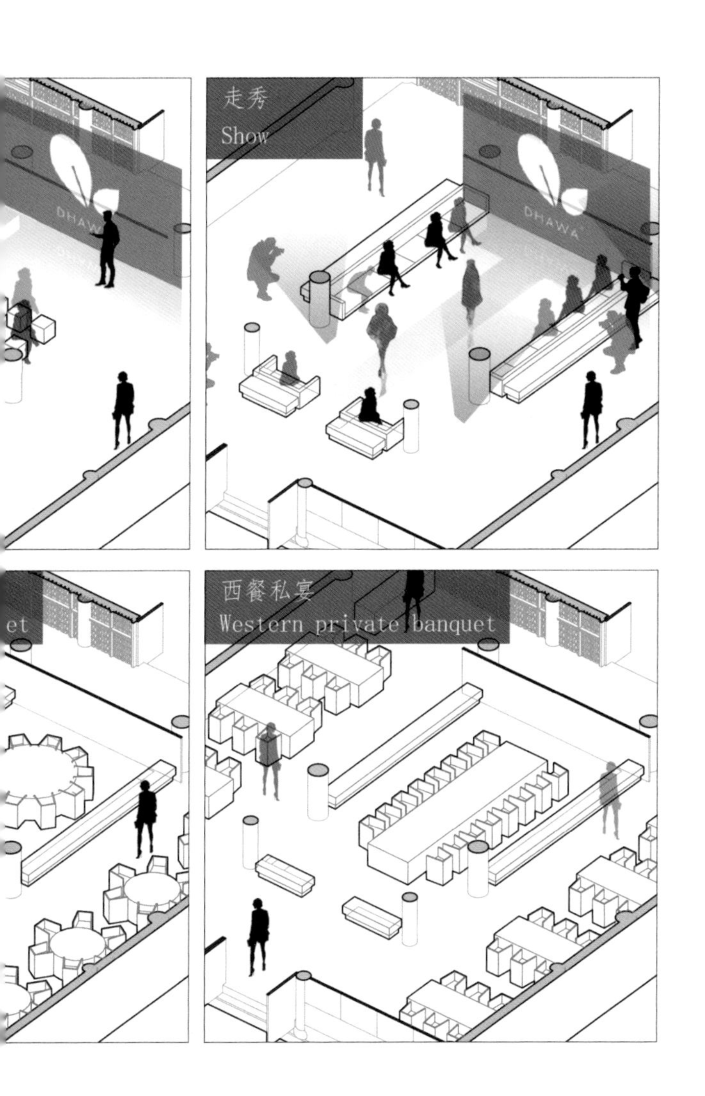

江西会馆大殿效果图 1

深色光亮的地面设计，会馆大殿空间强化内部的木梁结构关系，同时弱化了原有大殿中柱子对空间的分割，实现空间改造后的有效整合。

江西会馆大殿效果图 2

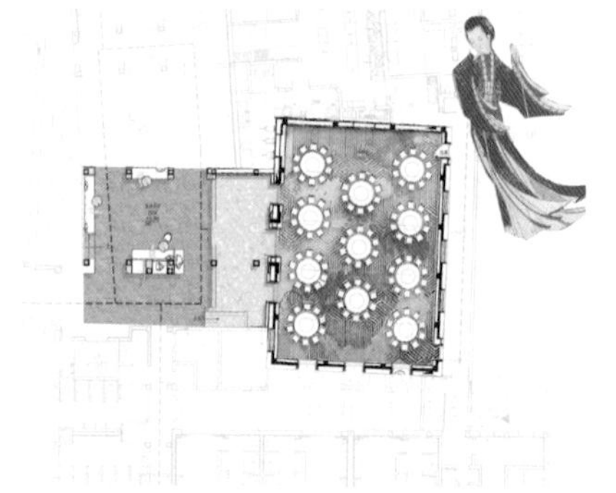

“梨园听戏”——宴会厅、前厅平面图

宴会厅效果图

右下
宴会厅剖面示意图

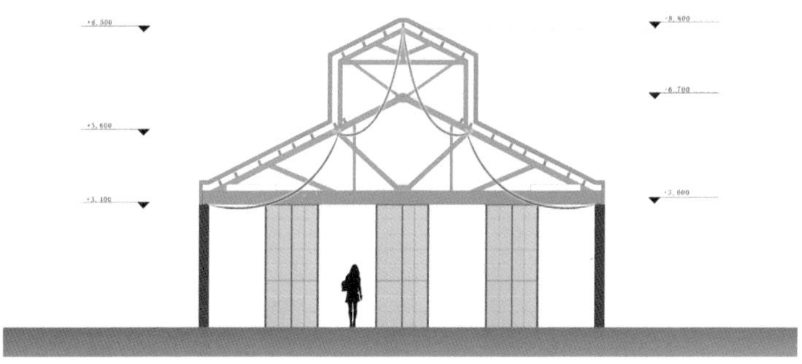
+8.500
+5.600
+3.100
+8.800
+6.700
+3.600

全日餐厅效果图 1

“开宴”——全日餐厅平面图

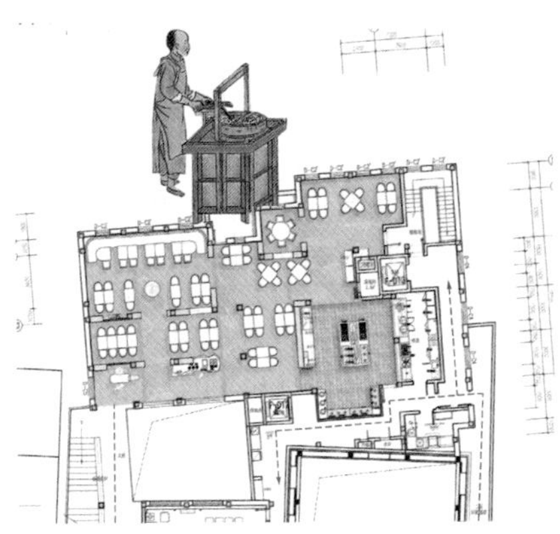

二层的全日餐厅以远行的江右商队推车携带货物进入济南当地市集为设计灵感，通过溯源济南当地传统市集与传统商队使用的器物，如当地人用于装礼品与点心的竹制提篮，商队用于运输货物的手推车以及市集中最常见的秤砣等，将其造型进行夸张化放大，材料上使用

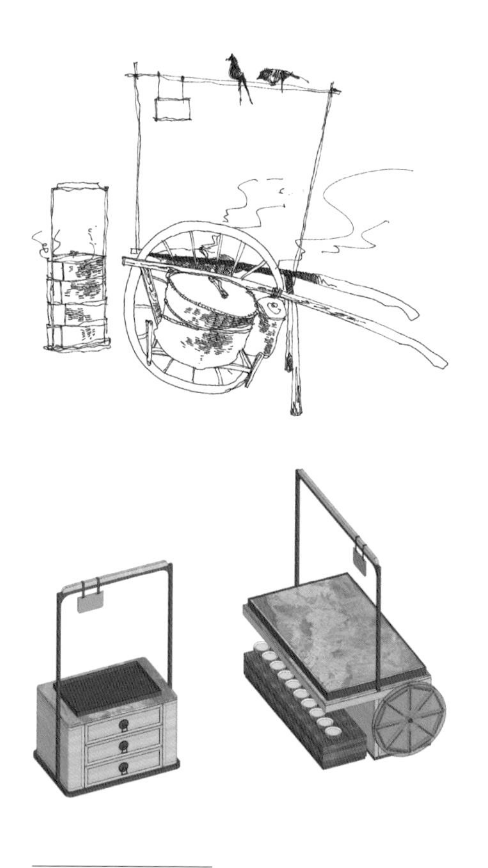

全日餐厅设计灵感图

全日传统取餐台模型效果图

了传统的木结构，与不锈钢、亚克力等现代材料结合，用复合的形式、现代的手法，将当地的、本土的元素，有机融合于空间中，重新将传统老济南街巷市集的热闹氛围在餐厅中诠释。从整体到局部、从结构到装饰、从立面到桌椅，塑造完整的主题架构。

全日餐厅效果图 2

“邂逅”—— 天台酒吧

天台酒吧效果图

天台酒吧位于酒店三层的天台花园中心的阁楼。此空间设计的灵感来自古代繁华的酒肆。设计通过提取传统酒肆空间中常见的酒坛、板凳，弱化这些物品的功能属性，强化其符号属性，将其作为一个视觉化、装置化的物品出现在这座现代的酒肆之中，同时强化空间整体颜色表达和细节家具的设计，例如镜面不锈钢的酒坛和亚克力板凳等，呈现出一个现代的酒肆空间。

客房区域的改造对象与江西会馆大殿一样，也是一个保留下来的传统木梁结构建筑。作为原江西会馆（万寿宫）的厢房，其原功能为给会馆相关人员及前往济南经商的江右商的同乡临时居住和停留。四合院呈传统合园式建筑结构，南北纵轴对称布局。在传统四合院结构中，一般由正房、东西厢房以及位于南面的倒座房组成，从布局上

江西会馆厢房现场概况

大致可分为一进院、二进院和三进院。在该项目中，江西会馆厢房保留了较为完整的二进院的四合院布局。因此，项目在厢房的改造过程中，保留其建筑原结构的基础，依据传统的四合院进行空间布局和方案设计。

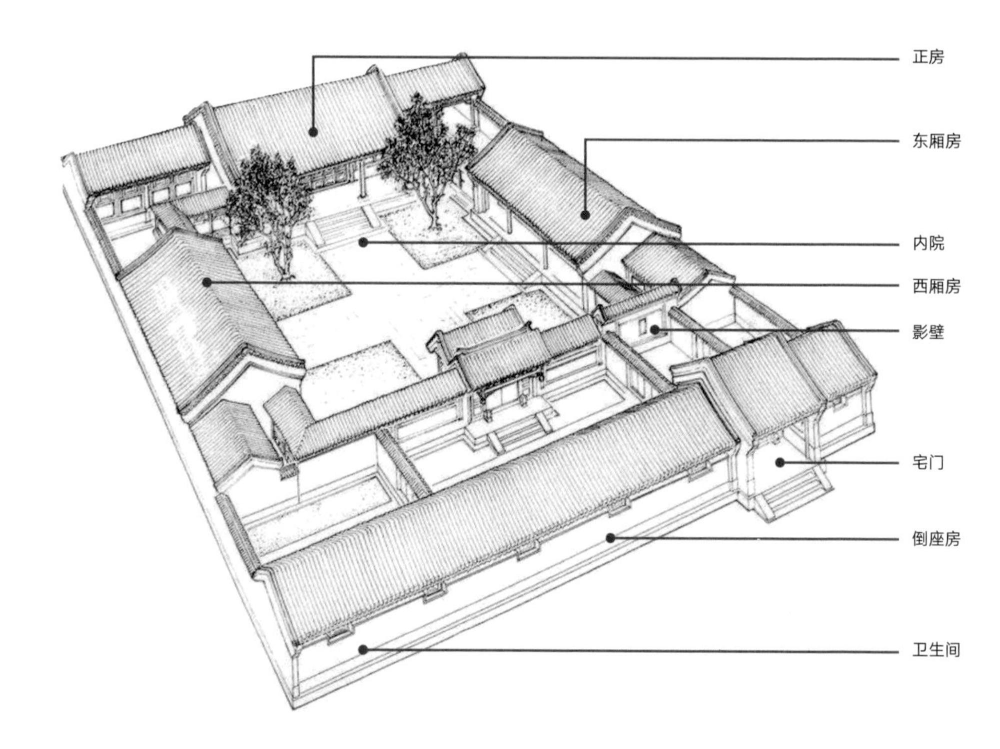
正房
东厢房
内院
西厢房
影壁
宅门
倒座房
卫生间

旧时四合院布局

在传统四合院中，正房及北房是院中的主房，东西厢房为次房，南面倒座房则作为接待宾客、书塾用房。项目在进行空间布局时参考这一传统布局形式，将总统套房设置于北面主房，两间次房设置于东西面的厢房，以及用于接待、用餐的接待间设置于南面倒座房之中。在改造的同时保留复原了原建筑中的木梁结构、庭院中的一口古井，以此来塑造出于传统酒店的、具有传统格调的总统套房样式。

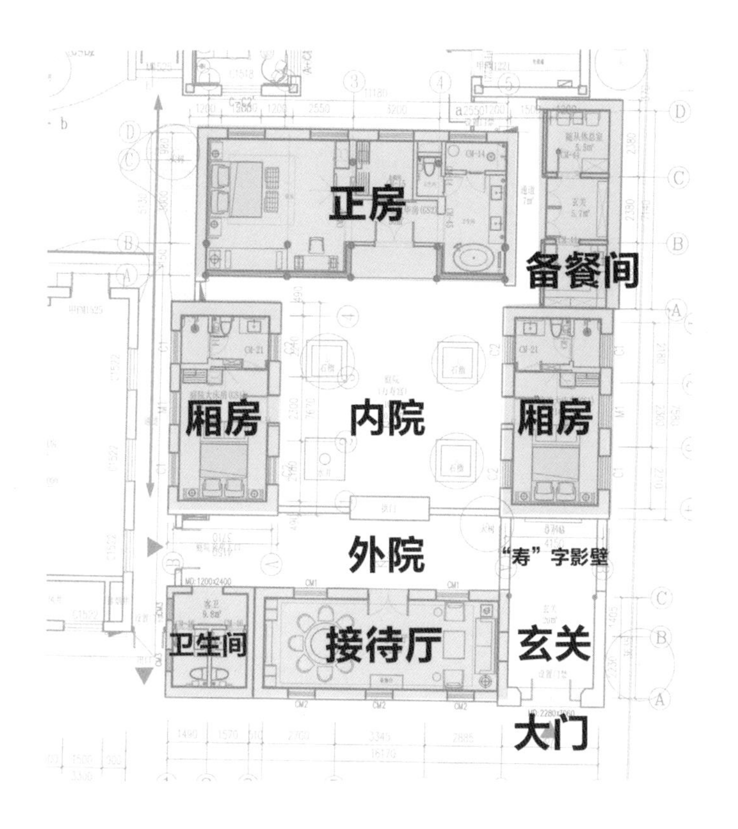

江西会馆厢房布局

总统套房效果图

“入梦”—— 总统套房接待厅效果图

客房标间效果图 1

客房标间效果图 2

特色花园房效果图

项目小结

项目因其特殊的历史建筑群背景，使改造的构思能从溯源的角度出发，考虑如何将历史“故园”——江西会馆，有机结合在现代商业空间主题中。通过对传统建筑和文化元素的重构，提取历史上的江西会馆的记忆片段，形成项目中现代酒店的“新知”。溯源是适用于该案例的特殊方法，但也是能运用于其他项目设计中的思维方式。

广州市岭居酒店设计

邻里空间溯源

项目名称丨广州市岭居酒店设计

设计团队丨许牧川、卢启钧、陈丽华、李均杰、区俊博

设计时间丨 2019~2020 年

项目阶段丨完工

项目地点丨广东，广州

项目面积丨约 35021 平方米

项目位于广州市黄埔区伴河路 190 号，地处广州科学城园区内，主要改造范围为 B 栋酒店公寓，建筑面积约为 35021 平方米，建筑高度 69.9 米；广州科学城是以高新技术产业为主导的现代化科学园区，配套完善的城市基础设施以及高效的投资管理软环境。对象群体是以科技创新、医疗器械、生物医学等企业及粤港澳大湾区青年创新创业基地的创业者、高级白领或者高级技术人员为主的核心长租客群，以及以项目周边商务差旅人士、小型会议团队为主的核心短租客群。通过该方案的设计，项目思考这两类不同的客户群体与酒店居所的互动关系所呈现的空间演绎。

项目周边环境概况

岭居创享公寓是岭南酒店旗下的高端服务式公寓品牌，致力于给忙碌的都市人群打造一个有温度的居所，注重打造邻里社区的共享空间生活模式。传承岭南待客之道，给予客户更贴心的宾客关怀。基于对酒店品牌以及对客户群体的了解，设计旨在为业主打造一个注重塑造邻里空间，强调邻里之间的互动性与空间的趣味性，重塑繁华都市的邻里关系的社交场所。

项目改造主要是地上一层至二十层，其中一层的功能主要是大堂、大堂吧、餐厅，二层主要是健身中心、会议中心、桌游室、共享厨房等社交空间，从三层至二十层是不同形式的 216 间公寓客房以及后勤区的功能空间。项目承包了上述空间的室内设计、智能化设计、灯光设计、标识设计、软装方案设计、机电设计等。作为一个改造项目，它具有许多旧建筑遗留下来的问题，项目需要在满足基础功能的前提下，对整体空间进行优化设计。

改造前现场照片

邻里空间的追溯 —— 街巷院

为了打造一个新型邻里关系的空间，设计需要对邻里空间进行溯源。《周礼》云：“五家为邻，五邻为里。”“邻”是古代的一种居民组织，同时也表达为“邻近”的意思，即居住在一起的人们所形成的一种特殊的社会关系。里坊制形成于春秋时期，里坊是我国古代城市规划中最小的居住单元体。里坊即为四边围墙的方形封闭院落式建筑，里坊同街市之间用墙相隔，街市在特定时间才开放，此时邻里的社交空间主要还是在里坊内。到了唐朝中后期，里坊的作用渐渐减弱，

传统多元的邻里空间

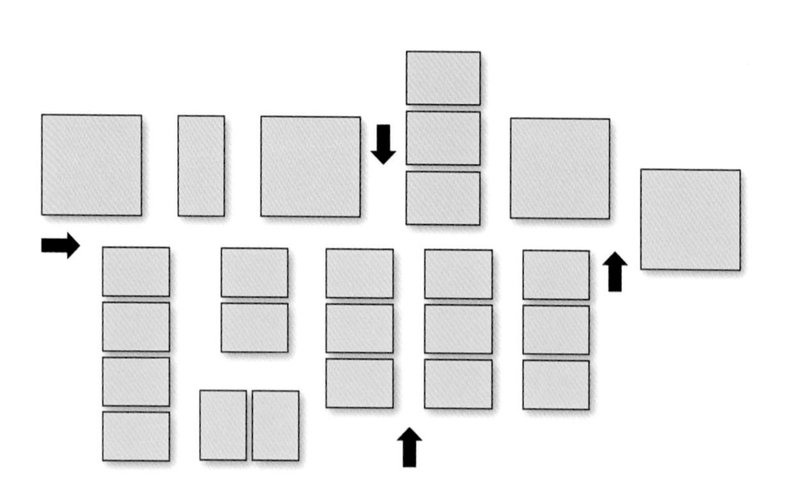

古与今的邻里关系对比图

街巷制开始盛行，邻里关系逐渐由封闭转至开放，邻里空间由里坊延伸到街巷。随着邻里空间的多元化，邻里关系也得到相应的发展。回到现代化的城市社会中，随着人口的大量聚集，个人空间趋向独立，封闭的围墙隔断了邻里之情，而单一式的邻里空间也禁锢了邻里关系的发展。反观传统大的邻里关系，空间布局往往以街——巷——院的层级组织呈现，为居民提供了一个可以面对面接触的多元化中心场所。在高楼林立的都市中，我们希望能重塑多层次的邻里空间，用现代的方式诠释邻里关系，营造情感交流，重拾生活气息。

现代单一的邻里空间

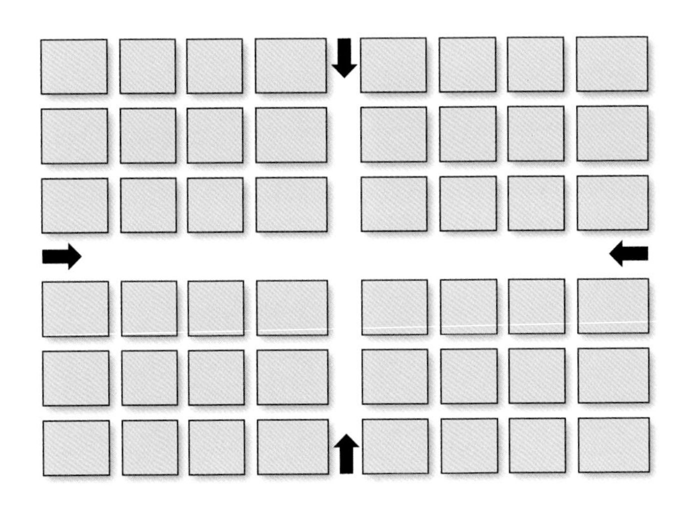

重塑邻里关系

古代居所多以方形住宅聚集而成的院落为主，图书文献中不乏这样的记载，比如东晋学者陶渊明曾以自己的居所写道“方宅十余亩，草屋八九间；榆柳荫后檐，桃李罗堂前。”作为邻里空间的延续，在大堂的设计中，以方形体块作为构造空间形态的基础，根据“动”与“停”这两个主要行为，划分出了不同大小的空间，这些方形体块作为承接社交活动的单元体，单元体之间形成了“巷”，回应传统的街巷空间。

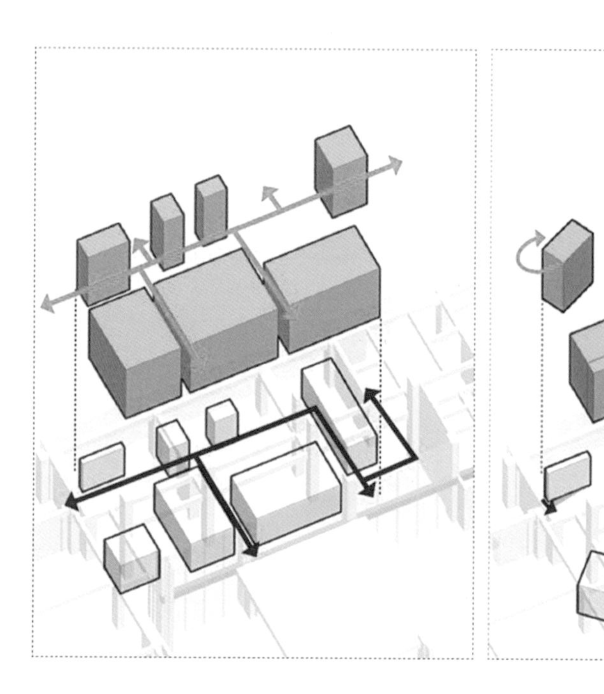

大堂空间形态生成

作为邻里空间的延续，设计并不希望它是整齐划一的均质铺陈。设计通过旋转单元体来打破单一的组织模式，进一步弱化空间之间的边界，增进交往空间中的距离。方形体块承载着前台、社交、休息、餐饮等不同的功能，而方形体块彼此之间的负形空间很好地衔接了不同功能之间的关系，也使整体格局更富变化、充满活力。

邻里空间的功能也不应该是单一的。空间格局上，各层级因不同的需求而灵活多元。考虑交往空间的特征，整体组织上，设计在空间中切割出不同的孔洞，形成开放、半开放、私密空间的多重层次，犹如巷陌间的院落。营造多层次的邻里空间，满足更多住客的不同需求和行为。

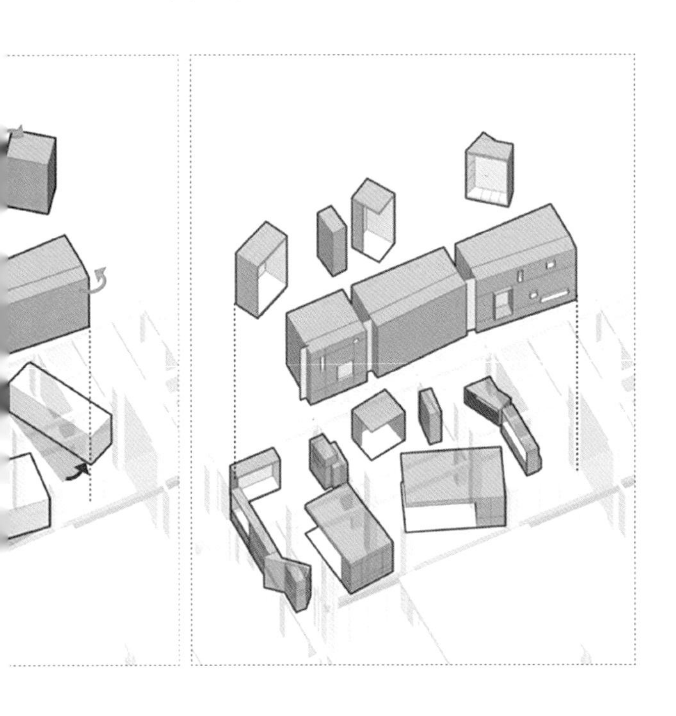

酒店入口现场照片

首层大堂实景

大堂现场照片

构筑巷院空间 —— 大堂

旧建筑遗留下来了许多柱子与承重结构体，为了凸显大堂空间的整洁性，通过对上下层单元体进行叠加，很好地包裹了这些结构体，空间也显得更加纯粹。得到了相应的空间形态后，通过材料元素，进一步加强这种空间感受。除了旋转的单元体外，墙身与天花统一以白色无机涂料和白色石材作为铺垫。在地面的处理上，运用三种不同灰度的水磨石，以旋转的单元体边线为起点，以斜线的形式划分了几个区域，满铺的水磨石在宏观感受下不会显得过于繁杂，同时在微观上富有材料质感。倾斜的分块良好地衔接了规整的矩形大空间与灵活的旋转单元体群。单一封闭的单元体显然不能很好承载邻里关系，设计再以方形作为基础图形，对整个大堂立面进行进一步构造。所有单元体的外表皮材料统一为古铜色不锈钢，不锈钢的反射能够优化大面积平面表皮下的单一感，古铜色的应用也能很好地在白色空间中凸显出来。一层与二层单元体相互叠加，产生许多屋檐式的灰空间。设计进一步对这些灰空间进行塑造，用镜面不锈钢作为顶棚材料，很好地解决了大空间下的小空间显得过于压抑的问题对二层单元体的体块处理上，设计首先划分出了几个矩形孔洞，这些洞以半开放的形式连接首层大堂与二层内部走廊，住客可以透过二楼窗洞得到更多元的邻里关系体验。窗洞选用了不锈钢作为材料，与立面材料保持相同色系，保证在同一立面上的完整性。窗洞设计比整体立面稍微外凸，以造型强调了空间连接的存在。旋转过后的体块间难免会有空隙存在。设计以深灰色镜面不锈钢的材质加强了体块的深度，使其更加立体。

大堂现场照片

在对一层最突出的两个单元体的处理中，设计通过切割的手法，把前台区域分割出来，通过地花水磨石灰度的变化，强调了单元体的存在，弥补了前台区域被切割后的不完整。在前台区域的天顶区域，选用了镜面不锈钢与纤维灯，构造出前台区域的“一片星空”。前台部分以矩形立方体的形态进行分割构造，形成了两个“立体魔方”，为整个大堂增加一丝趣味性；在另一个单元体的处理上，以不断变幻LED屏的形式作为体块呈现，为整个空间增添一份动态的生活气息。

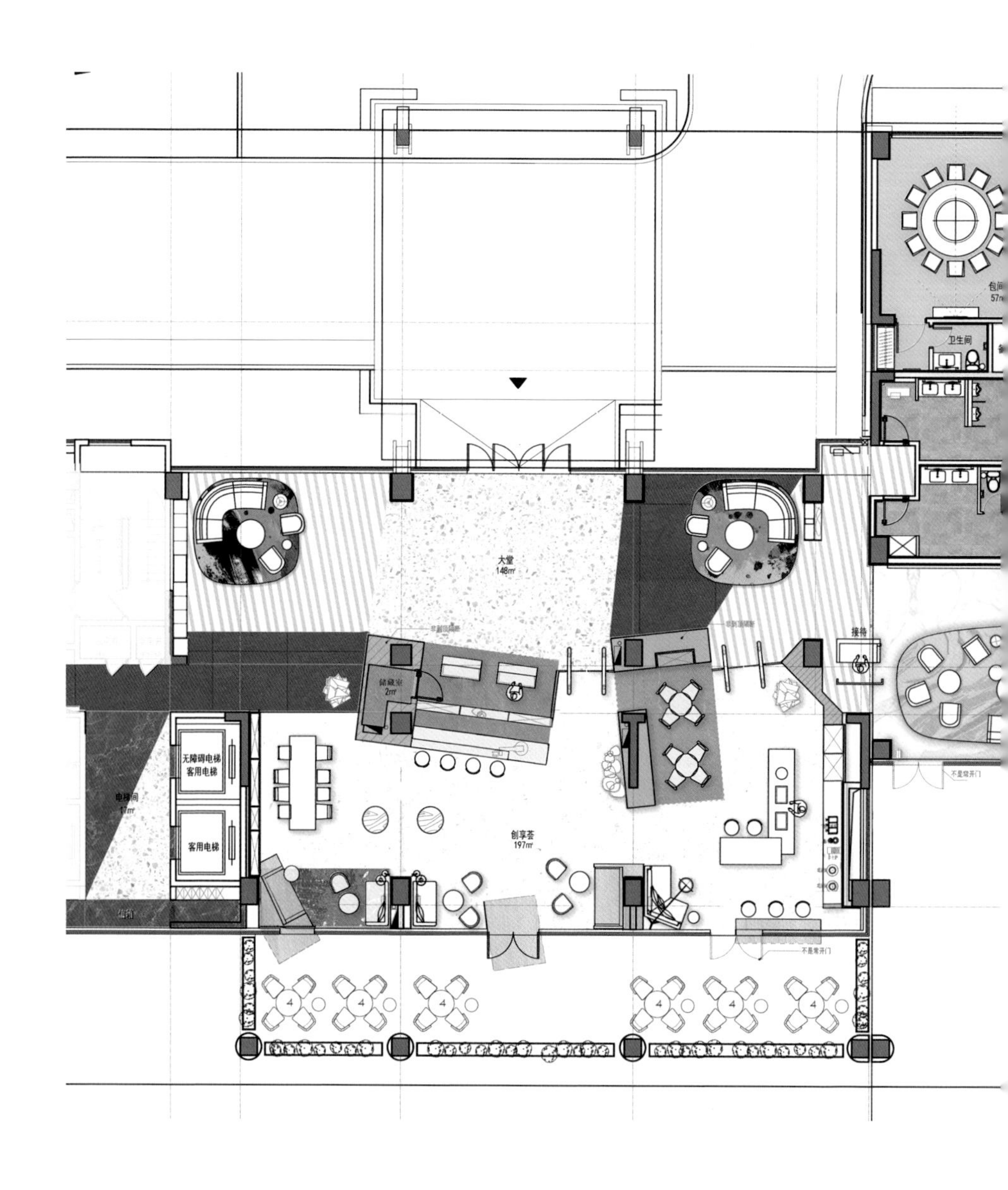

首层平面图

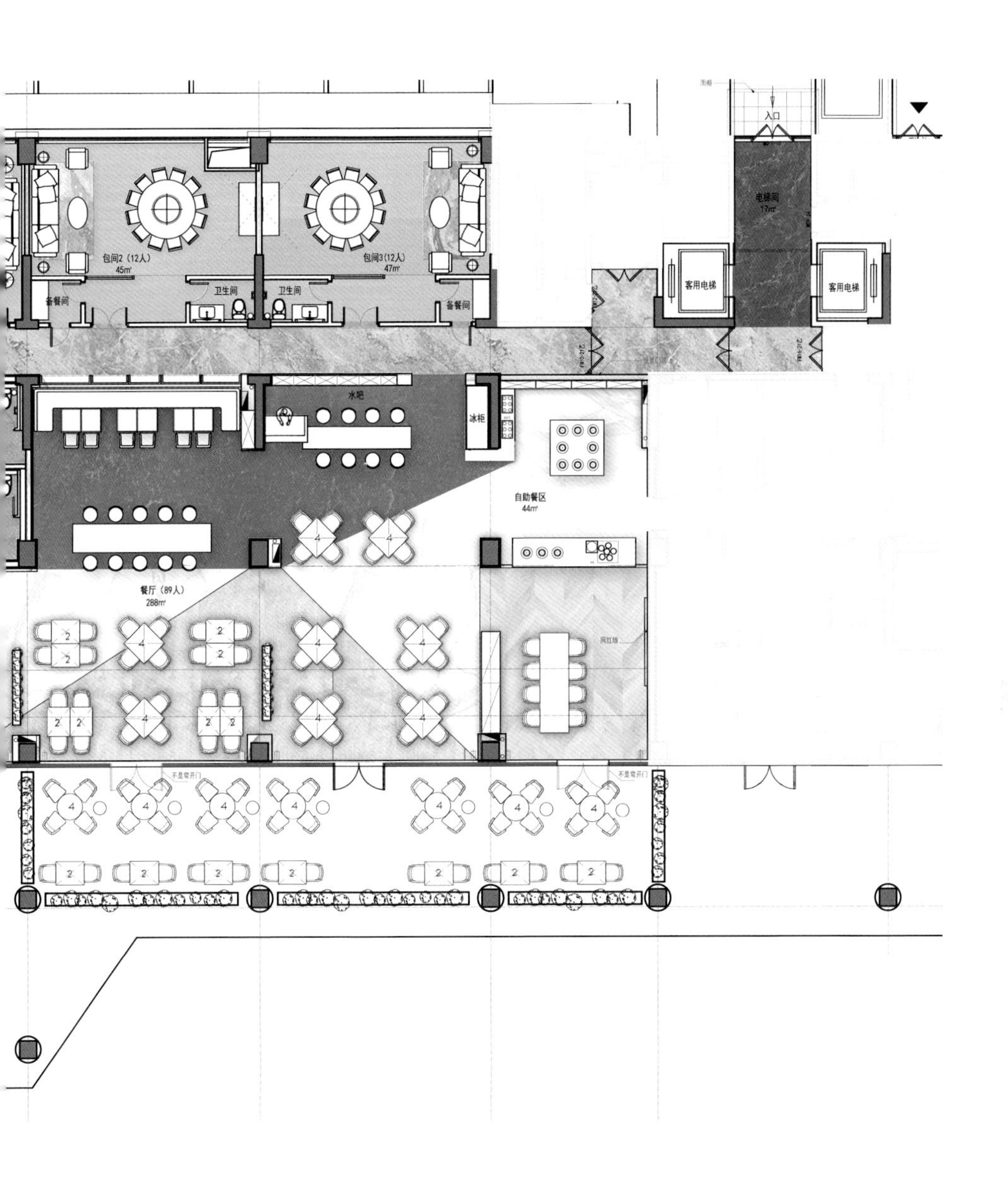

入口
电梯间
17㎡
客用电梯
客用电梯
包间2（12人）
45㎡
包间3(12人)
47㎡
卫生间
卫生间
备餐间
备餐间
水吧
冰柜
自助餐区
44㎡
餐厅（89人）
288㎡

创享荟现场照片 1

构筑巷院空间 —— 创享荟

通过交错空间留出的“巷”，带动人们的探索心理，进而步入其中，最终来到我们的社交之“院”——创享荟。创享荟是岭居创享公寓特有的一个社交空间，也是承载邻里关系的主要空间。由“巷”到“院”，住客从外部宽阔的街道转折进入半围合式的客厅，形成从大群体及大空间渐次到小群体及小空间的流动，由较为公共性的空间逐渐转到较为私密性的空间，给予人们更强的安全感和归属感。

此院也并非为独院，更是形状不一、材质不同的“合院”。天花板的造型处理与地面形成呼应，空间处理由大堂延伸进来，白色无机涂料强调出各个独立存在的“盒子”，而面对更小尺度的空间，增加更多的材质变化可以营造出热闹的社交氛围。首先是前台区域的单元体通过半透明的红色亚克力分割出了水吧区，增加了岭南红作为空间主题颜色。水吧台以地面延展上来的水磨石体块和镜面不锈钢以及古铜不锈钢的水吧台构成，配合天花的点点“星空”，营造出虚无缥渺的空间氛围，拉近彼此的距离。

带有 LED 屏幕的盒子的背面是独立的休闲区域。设计在 LED 屏幕中增添一个红色窗洞，使住客在进入创享荟的同时，能透过窗洞感受到内部的氛围，增添一丝乐趣。在单元体内部的休闲区域，顶棚和墙身都使用了深灰色镜面不锈钢，促使空间外扩，增加不一样的社交体验。除此之外，设计还植入了多个较小的单元体，各自承载起不同的功能。

创享荟现场照片 2

创享荟现场照片 3

小院间的多重组合为这一交往空间中创造多元的体验，不同旋转方向的单元体构建出忽大忽小、忽明忽暗的“巷子”，打破了空间的界面，整个空间既为整体，又是独立单元体，无论是初来乍到的新住

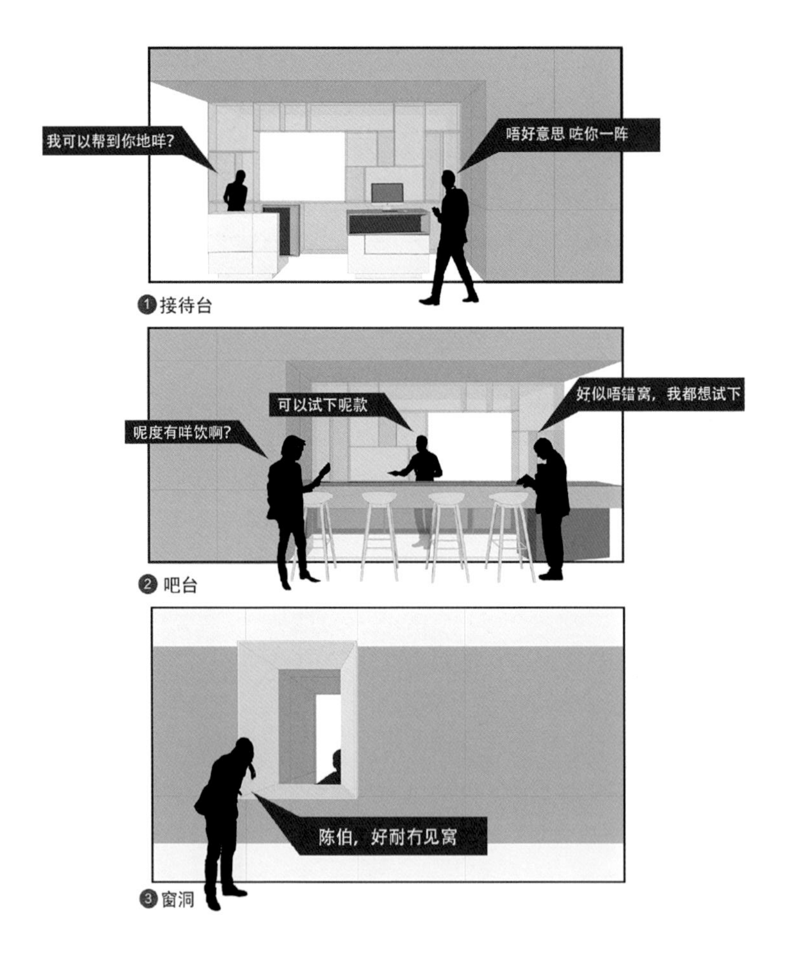

邻里体验构想

客，还是相互熟悉的“邻里”，都可以在院落中相互了解，得到独特的空间体验，满足不同住客的情感需求。院落中摆放的艺术品也为整个空间增添了一分色彩。

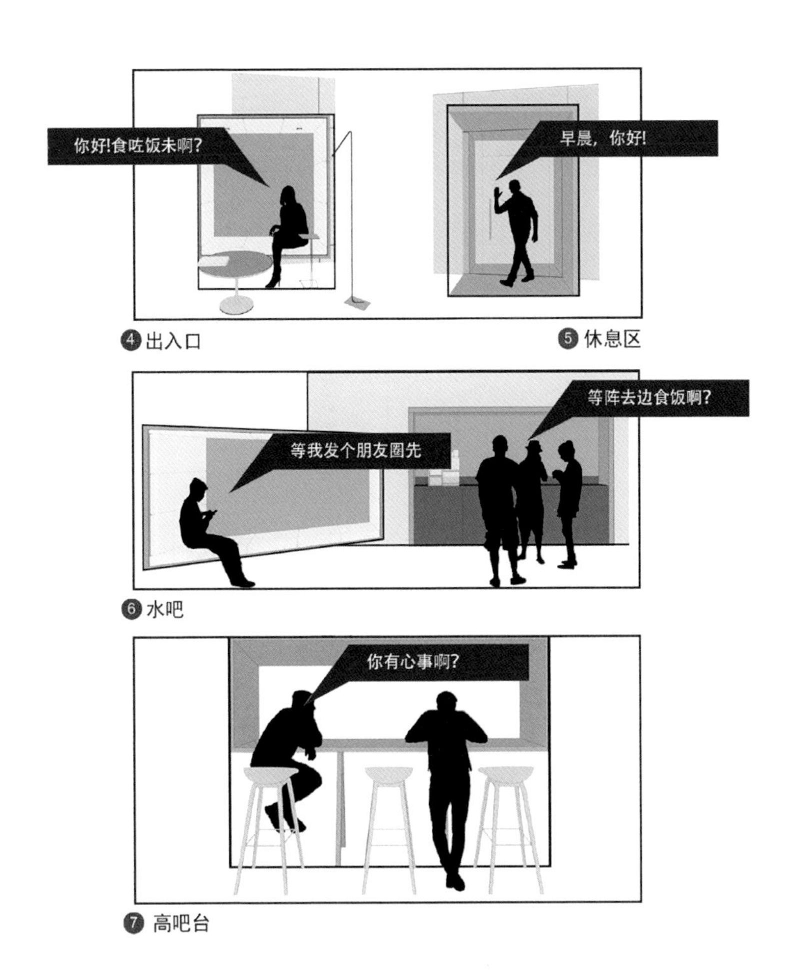

④出入口　⑤休息区

⑥水吧

⑦高吧台

戏剧性院落 —— 杏荟餐厅

邻里空间是具有的话题和互动的场所。这也是项目的另一个院落——杏荟餐厅。

通过大堂的街道进入到餐厅区域，设计呼应了大堂的处理手法，以功能和流线划分了不同的区域，同时采用旋转的方式，实现了空间之间的交叠。除了保留传统的邻里院落式空间布局，设计还在不同区域营造场景话题，用多种材质和构造手法塑造戏剧性的互动场所。

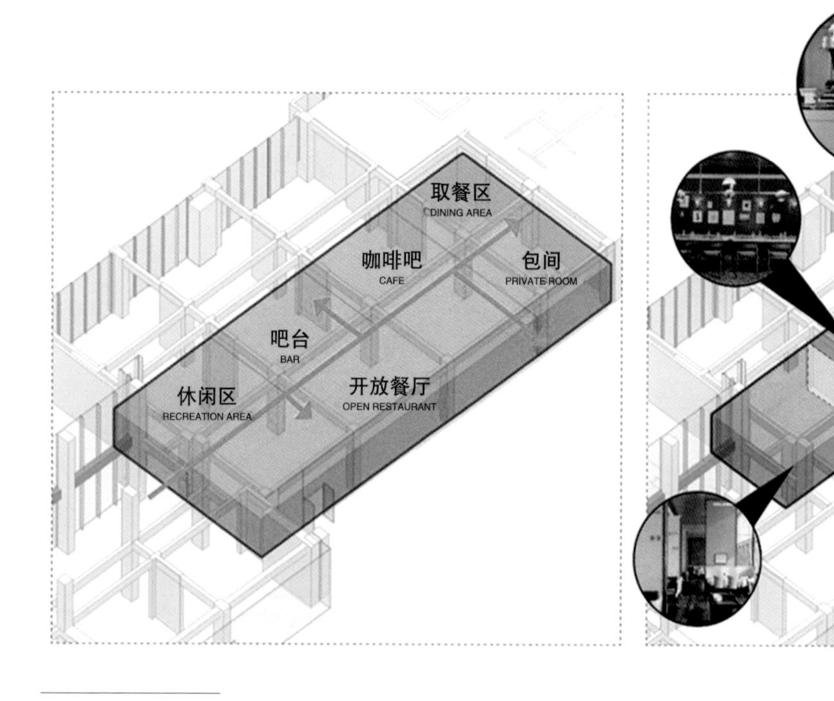

杏荟餐厅空间构成

在餐厅的开放用餐区中，设计选用了 99 个球形灯固定在定制金属挂件上，悬挂在用餐区上方，配合镜面天花营造出雪中用餐的场景感。暖灰色的水磨石分块搭配橙色皮革的家具，营造出舒适、温馨的用餐氛围，卡座区绿色肌理漆从天顶延伸到墙身。相同的设计手法运用到绿植墙中，构建出数个大小不一的红色亚克力窗洞，搭配鸟形灯具，勾勒出热带丛林的氛围。小包间通过镜子墙面的设计以增加空间的复杂性，由此打造既丰富又包容的交往空间。用餐区域多元互动的场所设置，得以呈现邻里关系的现代状态。

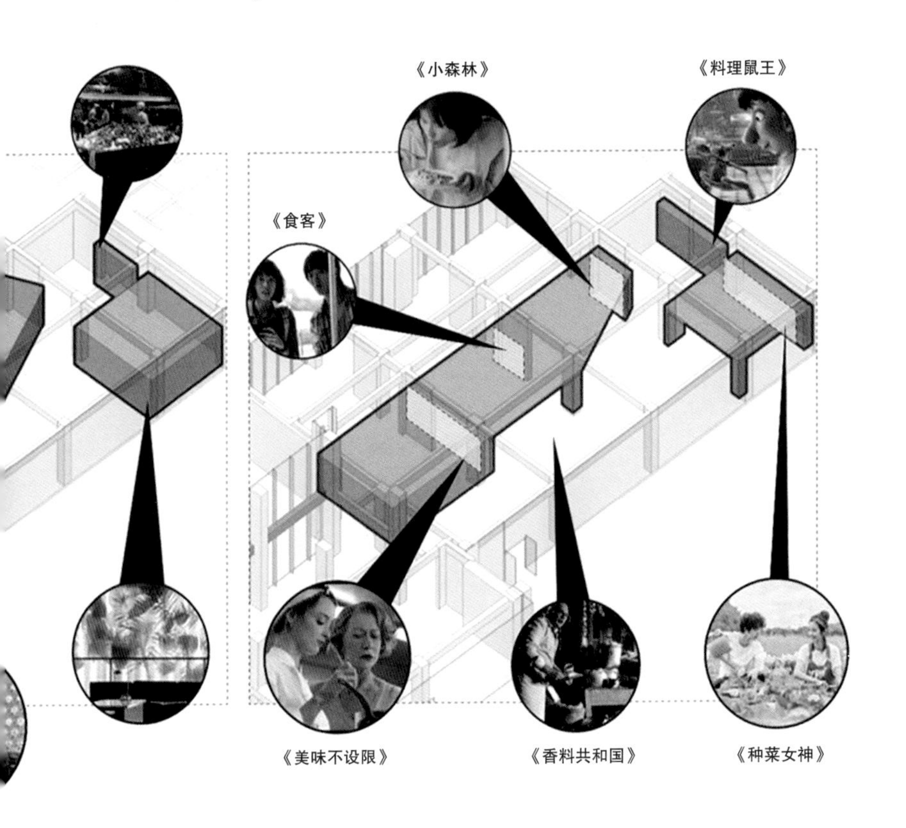

餐厅户外入口

餐厅现场照片 1

餐厅现场照片 2

餐厅现场照片 3

项目小结

随着现代空间的改变，传统概念里的邻里关系被城市中封闭的围墙所限制，彼此之间逐渐陌生。本次设计尝试对邻里空间追溯与延续，从材质、形态、空间体验等方面进行优化提升，在满足酒店应有功能的前提下，通过空间改造拉近彼此的距离，转译为现代场景中的邻里空间。

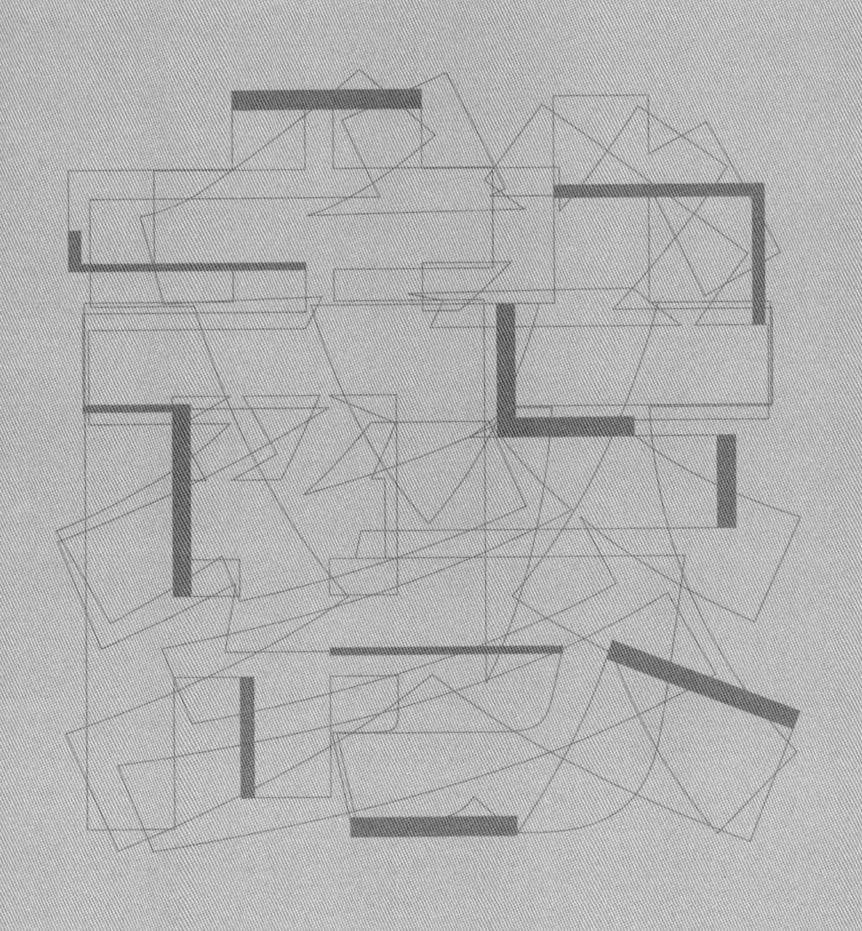

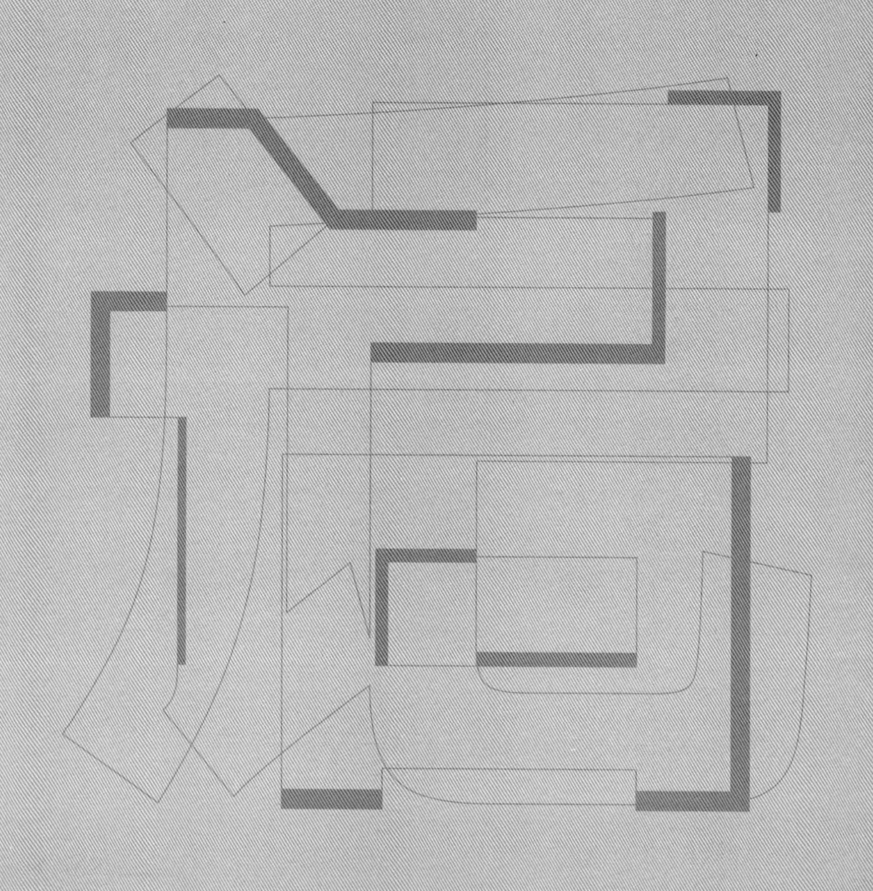